三角関数

基本的性質

$$e^{ix} = \cos x + i \sin x, \quad e^{i(x+y)} = e^{ix} \cdot e^{iy}$$

1. $\cos x = \dfrac{e^{ix} + e^{-ix}}{2}, \quad \sin x = \dfrac{e^{ix} - e^{-ix}}{2i}$

2. $\cos^2 x + \sin^2 x = 1 \ (\Leftrightarrow |e^{ix}| = 1)$

3. $\cos(x + 2\pi) = \cos x, \sin(x + 2\pi) = \sin x \quad$ (周期 2π)

4. $\cos(-x) = \cos x$ (偶関数), $\quad \sin(-x) = -\sin x$ (奇関数)

5. (加法定理)

    $\cos(x+y) = \cos x \cos y - \sin x \sin y,$

    $\sin(x+y) = \cos x \sin y + \sin x \cos y$

6. (2倍角の公式)

    $\cos 2x = \cos^2 x - \sin^2 x = 2\cos^2 x - 1 = 1 - 2\sin^2 x$

    $\sin 2x = 2 \sin x \cos x$

7. (半角の公式)

    $$\cos^2 x = \dfrac{1 + \cos 2x}{2}, \quad \sin^2 x = \dfrac{1 - \cos 2x}{2}$$

8. (積 $\Rightarrow$ 和)

    $2 \sin x \cos y = \sin(x+y) + \sin(x-y)$

    $2 \cos x \sin y = \sin(x+y) - \sin(x-y)$

    $2 \cos x \cos y = \cos(x+y) + \cos(x-y)$

    $2 \sin x \sin y = \cos(x-y) - \cos(x+y)$

9. (和 $\Rightarrow$ 積)

    $\sin x + \sin y = 2 \sin\left(\dfrac{x+y}{2}\right) \cos\left(\dfrac{x-y}{2}\right)$

    $\sin x - \sin y = 2 \cos\left(\dfrac{x+y}{2}\right) \sin\left(\dfrac{x-y}{2}\right)$

    $\cos x + \cos y = 2 \cos\left(\dfrac{x+y}{2}\right) \cos\left(\dfrac{x-y}{2}\right)$

    $\cos x - \cos y = -2 \sin\left(\dfrac{x+y}{2}\right) \sin\left(\dfrac{x-y}{2}\right)$

工科系の微分積分学の基礎

北 岡 良 之
深 川 英 俊
川 村　　司
　　共　著

学術図書出版社

はじめに

　この本は工科の学生用の微積分の教科書または独習書として企画されている．特徴は形式としては第 1 章を微分，第 2 章を積分に当て，第 1 章のはじめに論理の演習として集合に関する 1 節をもうけ，第 1 章の残りと第 2 章を 14 節ずつに分けた．やや強引なところもあるが，読者の便利なようにしたつもりである．また各節の終わりに演習問題をおいた．多くの問題を松澤忠人，原優，小川吉彦著『理工系の基礎微分積分学』から採った．

　内容的には，厳密にはいわゆる ε-δ 論法を使わなければならない所は直感的説明で済ませたが，(土台としての実数の定義はもちろん与えていないが) 微積分の根幹として極限と連続の定義は 2 本の大黒柱として本文に入れておいたし，各種存在定理も大事な柱であるとして証明抜きで述べておいた．理論に興味をもつ学生には面白いかもしれない．多変数の微積分は 2 変数までに限ったが，これでも十分であろう．また応用上困らないと思うときには成立条件を強くして証明の簡略化を図った．同僚の鈴木紀明氏からは多くの有益な助言をいただいた．ここに記し感謝の一助とする．

2011 年 2 月

著者

目　次

第 1 章　微分　　1

- 1.1　論理と集合 1
- 1.2　数列と極限 6
- 1.3　存在定理と連続の定義 11
- 1.4　連続関数，逆関数 18
- 1.5　微分 24
- 1.6　平均値の定理 30
- 1.7　合成関数の微分 33
- 1.8　級数 38
- 1.9　指数関数と対数関数 44
- 1.10　三角関数と逆三角関数 52
- 1.11　巾級数展開 61
- 1.12　偏微分 70
- 1.13　合成関数の微分 76
- 1.14　陰関数 81
- 1.15　極値問題 86

第 2 章　積分　　95

- 2.1　不定積分 I 95
- 2.2　不定積分 II 99
- 2.3　不定積分 III 103
- 2.4　定積分 I 108
- 2.5　定積分 II 116
- 2.6　定積分 III 122
- 2.7　応用 I 129

- 2.8 応用 II 132
- 2.9 曲線の長さ 137
- 2.10 重積分 142
- 2.11 変数変換 149
- 2.12 回転体，錐の体積，重心 156
- 2.13 線積分とグリーンの定理 163
- 2.14 ラプラス変換 168

問題解答 172

索引 195

第1章

微分

1.1 論理と集合

　この節では本論の微分積分に入る前に，論理と集合について復習しておこう．

　なにかある事柄について述べた主張 A があるとする．数学において大事なのは主張 A に対し**排中律**が成立している，すなわち A は「正しい」か「正しくない」のどちらかだけが成り立っているとする．たとえば「3 は自然数である」というのは正しい主張であり，「3 は無理数である」というのは正しくない主張である．この排中律は論理を展開する上での土台であるが，代表的な使用例として背理法があげられる．すなわち，ある主張 A について「主張 A が正しい」を証明するために，「主張 A が正しい」か「主張 A が正しくない」かのどちらか一方のみしか成立しないから「主張 A が正しくない」と仮定して矛盾を導き出すことによって「主張 A が正しい」ことを示す方法である．

　2 つの主張 A,B に対してこれらが正しいか正しくないかの可能性は次の表のように 4 通りである．ただし，○ で正しいこと，× で正しくないことを表している．

A	○	○	×	×
B	○	×	○	×

(1.1)

　したがって，この表からもわかるように「A が正しくかつ B が正しくない」(左から 2 番目) の否定は左から順に「A も B もともに正しい」か「A が正し

くなくかつ B が正しい」または「A も B もともに正しくない」である．

さて，「集合とはわれわれの直観または思考の対象で，確定していて，互いに明確に区別されるものをひとつの全体としてまとめたものである」というのが集合論の創始者のカントールの定義だそうであるが，要するにそこに属しているか属していないかがはっきりしているものの集まりと思ってよい．たとえば「大きな数の全体」などというのはどれくらいが大きい数かは人によって異なり，明確ではないので集合ではない．これに対して「3 以上の自然数全体」というのは集合である．集合の書き方は

$$S = \{1, 2, 3\}$$

というように S の成分 (要素または元ともいう) で直接書く場合もあるが

$$S = \{n : 自然数 \mid 1 \leqq n \leqq 3\}$$

などとも書く．x が集合 S の元であることを

$$x \in S \quad とか \quad S \ni x$$

と書く．この否定，すなわち x が集合 S の元でないことを

$$x \notin S \quad または \quad S \not\ni x$$

と書く．集合 T の元がすべて S に含まれるとき，T は S の部分集合といい

$$T \subset S \quad とか \quad S \supset T$$

と書く．その否定は，S に含まれない T の元があるということであり，

$$T \not\subset S \quad とか \quad S \not\supset T$$

と書く．

集合の演算の記号を導入する．A, B を集合とするとき

$$A \cup B = \{x \mid x \in A \text{ または } x \in B\} \qquad (和集合)$$

$$A \cap B = \{x \mid x \in A \text{ かつ } x \in B\} \qquad (共通部分)$$

$$A \setminus B = \{x \mid x \in A \text{ かつ } x \notin B\} \qquad (差集合)$$

とおく．また，なにか大きな集合 S(全体集合) を固定して，その部分集合のみを考えているときには S の部分集合 A に対して

$$A^c = S \setminus A = \{x \mid x \in S \text{ かつ } x \notin A\} \text{ (補集合)}$$

と表す．直感的理解のために図で表すと次のようになる．

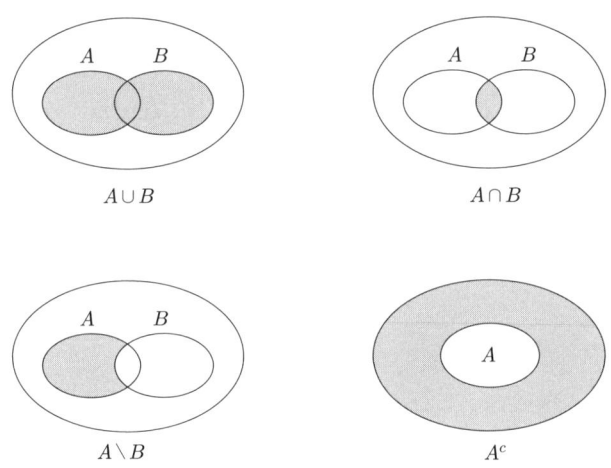

図 1.1.1

また，なにも元を含まない集合を考えると便利であり，それを**空集合**といい $\emptyset$ と表す．空集合はすべての集合の部分集合と考える．たとえば，$S = \{1, 2\}$ の部分集合は $\emptyset, \{1\}, \{2\}, \{1, 2\}$ の 4 個である．

便利な記号として，すべての (all)，または任意の (any, arbitrary) x という代わりに頭文字の A を逆にした $\forall$ をつけて $^\forall x$ などと書く．また，ある元 x に対してというときに $^\exists x$ などと書く．$\exists$ は存在するという exist の E を逆にしたものである．たとえば，集合 S, T があるとき，$^\forall x \in T$ に対して $x \in S$ が成り立つとき，T は S の部分集合といい，その否定，すなわち $^\exists x \in T$ に対して $x \notin S$ が成り立つとき $T \not\subset S$ と書いた．

集合 A, B が等しいということは $A \subset B$ かつ $B \subset A$ ということで $A = B$ と書く．

例 1.1　1. $A \subset B$ かつ $C \subset D$ とするとき，$A \cap C \subset B \cap D$ かつ $A \cup C \subset B \cup D$ が成り立つ．

証明：$x \in A \cap C$ とすると，$x \in A$ かつ $x \in C$ である．このとき $x \in A \subset B$ であり，$x \in C \subset D$ でもあるから $x \in B$ かつ $x \in D$, すなわち $x \in B \cap D$ がいえ，$A \cap C \subset B \cap D$ が証明できた．

次に $x \in A \cup C$ とする．$x \in A$ または $x \in C$ である．場合分けして，$x \in A$ とすると $A \subset B$ だから $x \in A \subset B \subset B \cup D$ となる．同様に $x \in C$ とすると $C \subset D$ だから $x \in C \subset D \subset B \cup D$ となり，どちらにしても $x \in B \cup D$ を得る，すなわち $A \cup C \subset B \cup D$ が成り立つ．

2. $A \cap (B \cup C) = (A \cap B) \cup (A \cap C)$

証明：(イ): 左辺 $\subset$ 右辺, (ロ): 右辺 $\subset$ 左辺をいえばよい．

(イ):

$x \in$ 左辺

$\Rightarrow x \in A$ かつ $x \in B \cup C$ である

$\Rightarrow$ ("$x \in B \cup C \Leftrightarrow x \in B$ または $x \in C$" だから場合分けをして)

(1) $x \in A$ かつ $x \in B$ の場合.

$x \in A \cap B \subset (A \cap B) \cup (A \cap C) =$ 右辺

(2) $x \in A$ かつ $x \in C$ の場合.

$x \in A \cap C \subset (A \cap B) \cup (A \cap C) =$ 右辺

よって左辺 $\subset$ 右辺がいえた．

(ロ):

$x \in$ 右辺

$\Rightarrow x \in A \cap B$ または $x \in A \cap C$

(場合分けをして)

(1) $x \in A \cap B$ の場合.

$x \in A \cap B \subset A \cap (B \cup C) =$ 左辺

(2) $x \in A \cap C$ の場合.

$x \in A \cap C \subset A \cap (B \cup C) =$ 左辺　となって右辺 $\subset$ 左辺がいえた．

3. $(A \cup B)^c = A^c \cap B^c$

証明：

(イ) : 左辺 $\subset$ 右辺の証明

$x \in$ 左辺

$\Rightarrow x \notin A \cup B$

(この条件は表 (1.1) から「$x \in A$ または $x \in B$」以外の場合であるから)

$\Rightarrow x \notin A$ かつ $x \notin B$

$\Rightarrow x \in A^c$ かつ $x \in B^c$, すなわち $x \in A^c \cap B^c$

(ロ) : 右辺 $\subset$ 左辺の証明

$x \in$ 右辺

$\Rightarrow x \in A^c$ かつ $x \in B^c$

$\Rightarrow x \notin A$ かつ $x \notin B$

(上と同様に)

$\Rightarrow x \notin A \cup B$, すなわち $x \in (A \cup B)^c$

問題 1.1 [A] 例の証明にならって以下を示せ.

1. $A \cup (B \cap C) = (A \cup B) \cap (A \cup C)$
2. $(A \cap B)^c = A^c \cup B^c$
3. $(A \setminus B) \cap C = (A \cap C) \setminus (B \cap C)$
4. $(A \setminus B) \cup C = (A \cup C) \setminus (B \cup C)$ であるためには $C = \emptyset$ が必要十分[1] である.
5. $(A \cap B) \cup (C \cap D) = (A \cup C) \cap (A \cup D) \cap (B \cup C) \cap (B \cup D)$

問題 1.1 [B] 例の証明にならって以下を示せ.

1. $A \cap B = A \cup B$ ならば $A = B$
2. $A \setminus (B \cap C) = (A \setminus B) \cup (A \setminus C)$
3. $A \setminus (B \cup C) = (A \setminus B) \cap (A \setminus C)$

---

[1] 主張 $p \Rightarrow q$ が真であるとき, p は q であるための十分(な)条件, q は p であるための必要(な)条件という. $p \Leftrightarrow q$ のとき p を q であるための必要(かつ)十分(な)条件といい, このとき p, q は同値という.

1.2 数列と極限

解析学を建物にたとえると土台が"実数の定義"で,その上に"数列の極限"と関数の"連続"の定義を大黒柱とし,それらから従ういくつかの存在定理を柱として組み立てられている.通常,土台を意識することがないのと同様にこの教科書でも実数の定義には触れない.また大黒柱や柱についても厳密な形で述べるが,余り深入りせずに直感的に例で説明するに留める.それは直感的に理解できないのに厳密な議論をされても困るであろうし,また最初から厳密に物事が行われたわけでなく,直観だけでは済まなくなってはじめて厳密な定義が必要になったという歴史的事実をみても許されることであろう.

実数全体とそれを図式化した数直線を同じとみて $\mathbb{R}$ と書く.鉛筆と物差しで引いた直線は"現実"であり,それを理想化したものが"数直線"である.さらに実数を数直線上の点ともいったりする.

さて実数 $a, b\ (a < b)$ に対して以下のように種々の区間を考える.(不等号 $\leqq, \geqq$ はしばしば,それぞれ $\leq, \geq$ と略記される.)

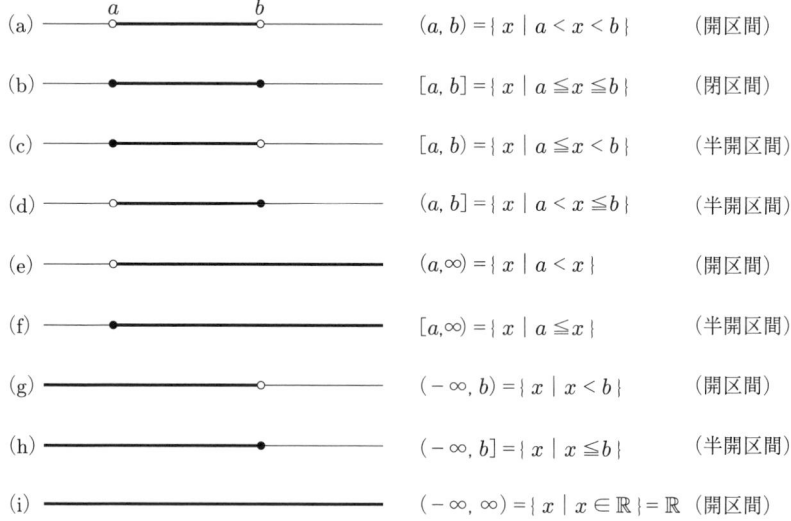

図 1.2.1

実数 x の絶対値 $|x|$ は

$$|x| = \begin{cases} x & (x \geqq 0 \text{ のとき}), \\ -x & (x < 0 \text{ のとき}) \end{cases}$$

と定義されていた．また正または 0 の実数 x に対して 2 乗して x になる正または 0 の実数を $\sqrt{x}$ と表した．したがって，絶対値は常に正または 0 であり，実数 x, y に対して

$$|x + y| \leqq |x| + |y| \quad (\text{三角不等式})$$
$$|xy| = |x| \cdot |y|$$
$$|x| = \sqrt{x^2}$$

が成立する．

さて実数の数列 $a_1, a_2, \cdots, a_n, \cdots$ を $\{a_n\}_{n=1}^{\infty}$ あるいは単に $\{a_n\}$ と書く．数列 $\{a_n\}$ が実数 a に**収束**するというのは，n を大きくしていくとき

$$a_n \text{ が } a \text{ に近づいていく}$$

こと，言い換えれば

$$|a_n - a| \text{ が } 0 \text{ に近づく}$$

こと，と定義する．このことを

$$\lim_{n \to \infty} a_n = a$$

と書き，a を数列 $\{a_n\}$ の**極限値**という．普通には A が B に "近づく" というとき A, B は離れていると暗黙のうちに想定されているが，数学では一致していてもよい，すなわち $a_n = a$ となる n があってもよく，極端な場合，すべての n に対して $a_n = a$ であっても $\lim_{n \to \infty} a_n = a$ である．厳密な定義は参考のためこの節の最後に述べてあるが，"近づくという動き" を止めた形で述べられていてそれが最初は理解しにくい理由のようである．

例 1.2 1. 自然数 n に対して $a_n = \dfrac{1}{n}$ とおくと n が大きくなれば $\dfrac{1}{n}$ はどんどん 0 に近づくから $\lim_{n \to \infty} a_n = 0$ である．

2. 自然数 n に対して
$$a_n = \begin{cases} 1 & (n:偶数), \\ 0 & (n:奇数) \end{cases}$$
とおくと，$|a_n - a| = |1 - a|$ または $|a|$ だからどんな実数 a をとっても $|a_n - a|$ は 0 に近づかない．したがって $\lim_{n\to\infty} a_n$ は存在しない．

3. $a_n = 0.9\cdots 9$ (ただし，9 は n 個並んでいる) とすると $1 - a_n = 0.0\cdots 01$ (1 は小数点以下 n 桁目にある) だからこれは n が大きくなれば 0 に近づくから $\lim_{n\to\infty} a_n = 1$ である．

4. $a_n = \dfrac{n}{n+1}$ なら $a_n = 1 - \dfrac{1}{n+1}$ だから $\lim_{n\to\infty} a_n = 1$ である．

5. $a_n = \sqrt{n+1} - \sqrt{n}$ とすると
$$a_n = \frac{(\sqrt{n+1} - \sqrt{n})(\sqrt{n+1} + \sqrt{n})}{\sqrt{n+1} + \sqrt{n}} = \frac{1}{\sqrt{n+1} + \sqrt{n}}$$
だから $\lim_{n\to\infty} a_n = 0$ である．

6. $a_n = \sqrt{n^2 + 1} - n$ とすると
$$a_n = \frac{\left(\sqrt{n^2+1} - n\right)\left(\sqrt{n^2+1} + n\right)}{\sqrt{n^2+1} + n} = \frac{1}{\sqrt{n^2+1} + n}$$
だから $\lim_{n\to\infty} a_n = 0$ である．

7. $a_n = \dfrac{2n+1}{3n+4}$ のとき
$$a_n = \frac{2 + \frac{1}{n}}{3 + \frac{4}{n}}$$
だから分子は 2，分母は 3 に近づくから $\lim_{n\to\infty} a_n = \dfrac{2}{3}$ である．

数列が収束しないとき，**発散**するという．

数列 $a_n = n^2$ のように n が大きくなるにつれて a_n がどんどん大きくなるとき
$$\lim_{n\to\infty} a_n = \infty$$
と書き，∞(無限大) に**発散**するという．

また数列 $a_n = -n^2$ のように a_n が負の値をとりながら絶対値が無限に発散するとき
$$\lim_{n\to\infty} a_n = -\infty$$
と書き，$-\infty$(マイナス無限大) に **発散**するという．

例 1.3 数列 $\{a_n\}$ が $a_n > 0$ を満たすとき $\displaystyle\lim_{n\to\infty} a_n = 0$ と $\displaystyle\lim_{n\to\infty} \frac{1}{a_n} = \infty$ とは同じである (典型的な例が $a_n = \dfrac{1}{n}$ である)．

数列 $\{a_n\}$ が発散し，$\pm\infty$ に発散もしないとき**振動**するということもある．

例 1.4 $a_n = (-1)^n$ は発散し，$\pm\infty$ に発散もしないので振動する．また $a_n = (-1)^n n$ とすると $|a_n|$ は ∞ に発散するが a_n 自身は振動する．

次の定理は直感的に明らかだが重要な性質である．

定理 1.1 数列 $\{a_n\}, \{b_n\}$ に対して $\displaystyle\lim_{n\to\infty} a_n = a$, $\displaystyle\lim_{n\to\infty} b_n = b$ とする．このとき

1.
$$\lim_{n\to\infty}(a_n + b_n) = a+b, \quad \lim_{n\to\infty}(a_n - b_n) = a-b,$$
$$\lim_{n\to\infty}(a_n b_n) = ab, \quad \lim_{n\to\infty}\left(\frac{a_n}{b_n}\right) = \frac{a}{b} \ (b_n, b \neq 0).$$

2. すべての n に対して $a_n \leqq b$ ならば[2] $\displaystyle\lim_{n\to\infty} a_n = a \leqq b$ である．また，すべての n に対して $a_n \leqq b_n$ ならば $a \leqq b$ である．

3. (挟み打ちの原理) $a = b$ ならば，数列 $\{c_n\}$ が $a_n \leqq c_n \leqq b_n$ を満たすとき $\displaystyle\lim_{n\to\infty} c_n = a$ である．

例 1.5 $a_n = \dfrac{1}{n}$ とすると $a_n > 0$ であるが $\displaystyle\lim_{n\to\infty} a_n = 0$ である．また挟み打ちの原理により $|c_n| < \dfrac{1}{n}$ なら $\displaystyle\lim_{n\to\infty} c_n = 0$ となる．

---

[2] 特に $a_n < b$ の場合もあることに注意せよ．

数列 $\{a_n\}$ に対して数列 $\{a_{n_k}\}$ $(1 \leqq n_1 < n_2 < \cdots < n_k < \cdots)$ を部分列という．もし元の数列 $\{a_n\}$ が α に収束するなら任意の部分列も α に収束する．

より理論的側面に興味をもつ読者のために数列の極限の厳密な定義 (**大黒柱 I**) を与えておこう．

大黒柱 I: 数列 $\{a_n\}$ が a に収束するとは，次の主張 (#) が成立することである：

(#): 任意の正数 ε に対して次の命題 $P(\varepsilon)$ が成立する：

> $P(\varepsilon)$: (数列 $\{a_n\}$ と ε に依存した) ある自然数 N で次の条件を満たすものがある．
> すべての N より大きな自然数 n に対して $|a_n - a| < \varepsilon$ となる．

論理的に考えやすくするために普通の数学の教科書に述べてあるよりもくどい言い方になっているが，条件 $|a_n - a| < \varepsilon$ と $a - \varepsilon < a_n < a + \varepsilon$ は同値だから下図のように a を中心とする幅 ε の帯の中に (n が大きくなると) a_n は入ってしまうことを主張している．

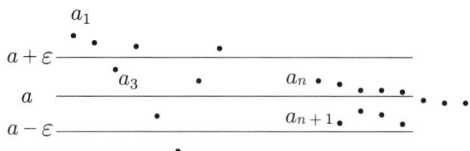

図 **1.2.2**

問題 1.2 [A]

1. a_n が次のように与えられる数列が収束するかどうかを調べ，収束する場合にはその極限値を求めよ (予測がつかないときは $n = 1, 2, \cdots$ で数値計算してみよ)．

    (1) $\dfrac{4n+5}{n}$　　(2) $\dfrac{n}{3n+2}$　　(3) $\dfrac{4n+5}{3n+4}$

    (4) $\dfrac{2n^2 - 4n + 5}{n^2 + 2n + 100}$　　(5) $\sqrt{n+100} - \sqrt{n}$　　(6) $\dfrac{1}{2}\{1 + (-1)^n\}$

    (7) $\dfrac{n+1}{3n^2 - 2}$　　(8) $\dfrac{4n-1}{2\sqrt{n}-1}$　　(9) $\dfrac{\sqrt{3n^2+1}}{\sqrt{n^2+1}+\sqrt{n}}$

2. 次の数列は増加することを示し，上の限界があるかどうか調べよ．
   (1) $\dfrac{1}{1\cdot 2}+\dfrac{1}{2\cdot 3}+\cdots+\dfrac{1}{n(n+1)}$
   (2) $\dfrac{1}{1^2}+\dfrac{1}{2^2}+\dfrac{1}{3^2}+\cdots+\dfrac{1}{n^2}$
   (3) $\dfrac{1}{1}+\dfrac{1}{2}+\cdots+\dfrac{1}{n}$

問題 1.2 [B]
1. 極限の厳密な定義 (**大黒柱 I**) にしたがって
   (1) すべての自然数 n に対して $a_n=0$ ならば $\displaystyle\lim_{n\to\infty}a_n=0$ を示せ．
   (2) $a_n=0.9\cdots 9=1-\dfrac{1}{10^n}$（ただし，9 は n 個並んでいる）とすると $\displaystyle\lim_{n\to\infty}a_n=1$ を示せ．
   (3) 数列 $\{a_n\}$ に対し $b_n=\dfrac{a_1+\cdots+a_n}{n}$（平均）とおくと $\displaystyle\lim_{n\to\infty}a_n=a$ なら $\displaystyle\lim_{n\to\infty}b_n=a$ を示せ (このことを直観だけで誰にもわかるように説明するのは難しい)．
   (4) 最後に論理の練習として，収束しないことが次のように述べられることを確認せよ[3]．

   数列 $\{a_n\}$ が a に収束しないとは，ある正数 ε に対して次の命題 $Q(\varepsilon)\,(=P(\varepsilon)$ の否定$)$ が成立することである：

   $|a_n-a|\geqq\varepsilon$ となるいくらでも大きい自然数 n がある，

   すなわち，どんな自然数 N に対しても

   $|a_n-a|\geqq\varepsilon$ となる自然数 $n>N$ がある．

1.3 存在定理と連続の定義

数列 $\{a_n\}$ に対して
$$a_n\leqq M_1\quad(n=1,2,\cdots)$$
となる数 M_1 があるとき**上に有界**という．もし
$$a_n\geqq M_2\quad(n=1,2,\cdots)$$

---
[3] 主張を否定すると「どんな $\cdots$ に対して」と「ある $\cdots$ に対して」が入れ替わることに注意せよ．

となる数 M_2 があるとき**下に有界**という．上にも下にも有界のとき単に**有界**という．

例 1.6 1. $a_n = n$ とすると数列 $\{a_n\}$ は上に有界ではないが，下に有界である．

2. $a_n = \dfrac{1}{n}$ とすると数列 $\{a_n\}$ は有界である．なぜならすべての自然数に対して $0 < a_n \leqq 1$ だから．

3. $a_n = (-1)^n n$ とすると数列 $\{a_n\}$ は上にも下にも有界ではない．

数列 $\{a_n\}$ が $a_1 \leqq a_2 \leqq \cdots \leqq a_n \leqq \cdots$ を満たすとき**単調増加数列**, $a_1 \geqq a_2 \geqq \cdots \geqq a_n \geqq \cdots$ を満たすとき**単調減少数列**という．したがって，数列 $\{a_n\}$ が単調増加数列であることと $\{-a_n\}$ が単調減少数列であることとは同じである．さて重要な柱のひとつが次の存在定理である．

定理 1.2 (存在定理 I) 上に有界な単調増加数列 $\{a_n\}$ や，下に有界な単調減少数列 $\{a_n\}$ は収束する．

　直感的には上に有界な単調増加数列の場合，数直線上を右に進む点列があって，あるところより先に右に進めないならどこかに近づかざるを得ないということである．

　$\pi = 3.1415926535\cdots, \sqrt{2} = 1.41421356237\cdots, \dfrac{1}{3} = 0.333\cdots$ などと実数を無限小数展開することがあるが，無限小数展開とは何であろうか？これは以下のように解釈する．実数を整数部分と小数部分に分けて小数部分 a を

$$a = 0.c_1 c_2 \cdots c_n \cdots \quad (c_n \text{は整数で}, 0 \leqq c_n \leqq 9)$$

と書くとき，

$$a_n = 0.c_1 c_2 \cdots c_n = \frac{c_1}{10} + \cdots + \frac{c_n}{10^n}$$

とおくと $a_n (<1)$ は上に有界な単調増加数列だから定理 1.2 によってある実数に収束する．この値を $0.c_1 c_2 \cdots c_n \cdots$ と書く．こうすれば別の実数

$$b = 0.c'_1 c'_2 \cdots c'_n \cdots \quad (c'_n \text{は整数で}, 0 \leqq c'_n \leqq 9)$$

に対しても
$$b_n = 0.c'_1 c'_2 \cdots c'_n = \frac{c'_1}{10} + \cdots + \frac{c'_n}{10^n}$$
とおけば
$$a \pm b = \lim_{n\to\infty}(a_n \pm b_n), \quad ab = \lim_{n\to\infty} a_n b_n$$
と無限に続く小数展開についても和や積をきちんと定義できる．こうすれば $\frac{1}{3}$ も
$$0.333\cdots = \lim_{n\to\infty}\left(\frac{3}{10} + \cdots + \frac{3}{10^n}\right) = \lim_{n\to\infty} \frac{3}{10} \frac{1 - \frac{1}{10^n}}{1 - \frac{1}{10}} = \frac{1}{3}$$
であり，その 3 倍も
$$0.999\cdots = \lim_{n\to\infty}\left(\frac{9}{10} + \cdots + \frac{9}{10^n}\right) = \lim_{n\to\infty} \frac{9}{10} \frac{1 - \frac{1}{10^n}}{1 - \frac{1}{10}} = 1$$
である．

例 1.7 $0 < a < 1$ とすると $\lim_{n\to\infty} a^n = 0$ である．

証明: $a > a^2 > a^3 > \cdots > 0$ だから $a_n = a^n$ は下に有界な単調減少数列である．したがって，存在定理 I から $\lim_{n\to\infty} a^n = c$ となる実数 c がある．このとき $c = \lim_{n\to\infty} a^n = \lim_{n\to\infty} a^{n+1} = a \lim_{n\to\infty} a^n = ac$ だから $c = 0$ である． ∎

次の存在定理を述べよう．これからいくつかの存在定理を述べるが，これらは実数の定義と**大黒柱 I** と後で述べる命題 1.1 のすぐ後の**大黒柱 II** から導かれる．厳密な論証を行うには必須のものであるが，もちろん歴史的にみてもはじめは直感的あるいは曖昧な議論であったわけで，まずはこのような存在定理が解析の重要な柱であることを頭の隅においておけばよい．

D を $\mathbb{R}$ の部分集合とする．このときすべての $x \in D$ に対して $x \leqq M$ (または $x \geqq M$) となる実数 M があるとき，数列のときと同様に，D は**上に有界** (または**下に有界**) という．また上にも下にも有界のとき単に**有界**という．

定理 1.3 (存在定理 II)　1.　D が上に有界ならば D の**上限**[4]と呼ばれる次の 2 条件を満たす実数 $A = \sup D$ が存在する.

(i) すべての $x \in D$ に対して $x \leqq A$ である.

(ii) A より小さなどんな実数 a に対しても $a < x \leqq A$ となる D の元 x がある (直感的には A のすぐ下には D の元があるといってもいいし, 数直線を考え $x \in D$ に杭が立っていると想像し, 右の遠方から歩いてきて行き止まりになった点が A であると思ってもよい).

2.　D が下に有界ならば D の**下限**[5]と呼ばれる次の 2 条件を満たす実数 $B = \inf D$ が存在する.

(i) すべての $x \in D$ に対して $B \leqq x$ である.

(ii) B より大きなどんな実数 b に対しても $B \leqq x < b$ となる D の元 x がある (直感的には B のすぐ上には D の元がある).

D のある元 a に対して, すべての D の元 x について $x \leqq a$ (または $a \leqq x$) が成り立つとき, a を D の**最大値** (または**最小値**) といい

$$a = \max D \quad (\text{または } a = \min D)$$

と表す. D に最大値 (または最小値) があればそれが $\sup D$ (または $\inf D$) である. D が上に有界でなければ $\sup D = \infty$, D が下に有界でなければ $\inf D = -\infty$ と表す.

例 1.8　1.　D が有限集合なら $\sup D$ は D の最大値であり, $\inf D$ は D の最小値である.

2.　$D = [0, 1)$ とする. D の最小値は 0 であるが, D に最大値はなく, $\inf D = 0 = \min D$, $\sup D = 1$ である. 一般に有限区間 $D = (a, b), [a, b], (a, b], [a, b)$ に対して $\inf D = a, \sup D = b$ である.

3.　$D = \{\dfrac{1}{n} \mid n = 1, 2, \cdots\}$ なら $\sup D = 1, \inf D = 0$ である.

4.　$D' = \{a \mid a > 0, a^2 \geqq 2\}, D = \{a \mid a > 0, a^2 > 2\}$ とおくと $\inf D' = \inf D = \sqrt{2}$ である. これは $D' = \{a \mid a \geqq \sqrt{2}\}, D = \{a \mid a > \sqrt{2}\}$ と書き直してみれば明らかである.

---

[4] supremum の訳であるが, 意訳すれば最大値もどき.

[5] infimum の訳であり, 意訳すれば最小値もどき.

定理 1.4 (存在定理 III)　D を有界な無限集合とする．このとき D の元 $x_1, x_2, \cdots$ でこれらはすべて異なり，数列 $\{x_n\}$ は収束するものがある．

例 1.9　D を 0 と 1 の間にある有理数で分母が 2 の累乗である数全体の集合とする．これは有界な無限集合であるから定理 1.4 によって何かある収束する数列 $\{x_n\}(x_n \in D)$ がとれるが，実は $0 \leqq a \leqq 1$ である任意の a に収束できるように数列 $\{x_n\}$ をとることができる．

　次にもう 1 つの大黒柱である関数の連続性について述べる．D を $\mathbb{R}$ の部分集合とする (普通は区間であるが)，f が D で定義された (または D を定義域とする) 関数とは，D の各点 x に対して 1 つの実数を対応させる規則のことで，x に対応する値を $f(x)$ と表す．

　x は D 内を変化するという意味で変数という．それに対して変化しない数や文字を定数という．たとえば，ある実数 a に対して 2 次式 $x^2 + ax + 1$ の $x \in D = [-1, 1]$ での最大値 M を考えるとき a は定数で x は変数である．

　変数として使われる代表的なアルファベットは x, y であり，その他アルファベット順で r 以後の文字がよく使われる．1 つの式に k, x があれば k は定数，x は変数を表すのが普通である．

例 1.10　1.　$f(x) = \dfrac{1}{x}$ は $D = (-\infty, 0) \cup (0, \infty)$ で定義された関数である．

2.　$\tan x$ は $D = \mathbb{R} \setminus \left\{ \dfrac{\pi}{2} + n\pi \,\middle|\, n : 整数 \right\}$ で定義された関数である．

　関数 $f(x)$ が D で定義されているとする．このとき $a \in D$ に対して，a に近づくどのような数列 $x_n \in D$ に対しても $f(x_n)$ は α に近づくとき，すなわち
$$\lim_{D \ni x_n \to a} f(x_n) = \alpha$$
のとき，"x が a に近づくとき $f(x)$ は α に近づく" といい単に
$$\lim_{x \to a} f(x) = \alpha$$

と書く．また $\alpha = f(a)$，すなわち $\lim_{x \to a} f(x) = f(a)$ のとき $f(x)$ は $x = a$ で**連続**であるという．直感的には $y = f(x)$ のグラフが $x = a$ で繋がっているということである．また D の各点で連続なとき D で**連続**という．

図 1.3.1 で左は $x = a$ で不連続だが，右は連続である．

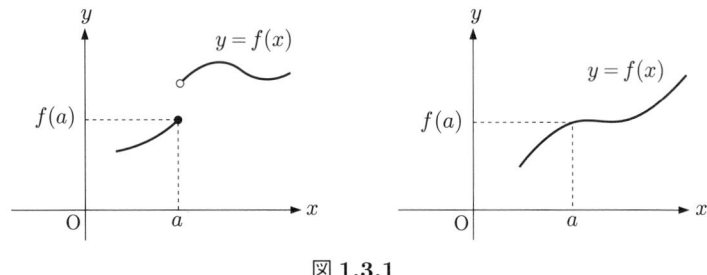

図 1.3.1

では図 1.3.2 の

$$f(x) = \begin{cases} x \sin \dfrac{1}{x} & (x \neq 0), \\ 0 & (x = 0) \end{cases}$$

はどうだろうか？

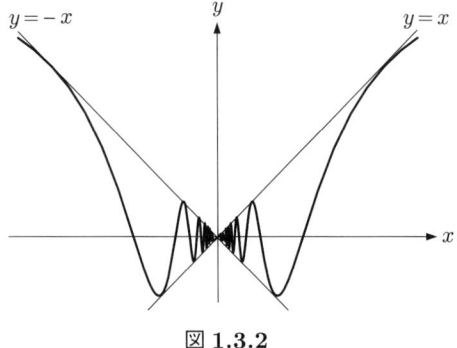

図 1.3.2

直感的にこれが $x = 0$ で連続とは思わない人もいるが，厳密な定義 (**大黒柱 II**) によれば，実は連続である．連続の厳密な定義は p.17 で述べる．それは現在最も使い勝手のよい数学的定義と思われているものの，連続あるいはつながっているというときに思い浮かべる図 1.3.1 の右のようなかなりよい関数とかけ離れた正確なグラフのかけない "病的な" ものも含まれてくる．

命題 1.1 関数 $f(x)$ が区間 $D = (a, b)$ で定義されていて，D 内の点 c で連続かつ $f(c) > 0$ (または $f(c) < 0$) とする．このとき c のまわりで $f(x)$ は正 (または負) である，正確にいえば適当な自然数 n を $x \in \left(c - \dfrac{1}{n}, c + \dfrac{1}{n} \right)$ なら $f(x) > 0$ (または $f(x) < 0$) を満たすようにとれる．

証明：背理法で証明しよう．主張にあるような自然数 n が存在しないとすると，各自然数 n に対して区間 $\left(c - \dfrac{1}{n}, c + \dfrac{1}{n} \right)$ 内の点 $x_n \in D$ で $f(x_n) \leqq 0$ となるものがある．$|x_n - c| < \dfrac{1}{n}$ だから点列 x_n は c に収束し，関数 $f(x)$ は c で連続だから $\lim\limits_{n \to \infty} f(x_n) = f(c)$ である．また各自然数に対して $f(x_n) \leqq 0$ だったから $f(c) \leqq 0$ となり，仮定 $f(c) > 0$ に反する矛盾が生じた． ∎

最後に連続の厳密な定義 (**大黒柱 II**) を述べよう．これは直感的に「x が a に近づくとき $f(x)$ が $f(a)$ に近づくこと」を紛れのないようにいい表したものである．

大黒柱 II： D で定義された関数 $f(x)$ が $a \in D$ で連続であるとは次の主張 (#) が成立することである：

> (#)：任意の正数 ε に対して，($\varepsilon, f(x), a$ による) ある正の実数 δ をうまくとると関数 $f(x)$ は次の条件を満たす：
>
> $x \in D$ かつ $|x - a| < \delta$ を満たすどんな x に対しても
>
> $$|f(x) - f(a)| < \varepsilon$$
>
> が成り立つ．

問題 1.3 [A]
1. 次のグラフを描け．
    (1) $y = \sqrt{2x + 1}$
    (2) $y = x + \dfrac{1}{x}$ $(x \neq 0)$
    (3) $y = x - \dfrac{1}{x}$ $(x \neq 0)$
    (4) $y = \dfrac{x}{|x|}$ $(x \neq 0)$

(5) $y = \dfrac{|x+1|}{|x-1|}$ ($x \neq 1$)   (6) $y = |x| + x$

2. 次のグラフを描け．

   (1) $y = [x]$ (2) $y = x - [x]$ (3) $y = \left[\dfrac{x^2}{4}\right]$ ($-4 \leqq x \leqq 4$)

   (記号 $[x]$ は x を超えない最大の整数を表し，(日本では) ガウス記号と呼ばれる．最近は $\lfloor x \rfloor$ と書かれることもある．)

3. 実数 a, r に対して等比数列 $\{ar^n\}$ を考える．これがそれぞれ有界数列，単調増加数列，単調減少数列であるための必要十分条件を与えよ．

問題 1.3 [B]

1. 厳密な定義 (**大黒柱 II**) にしたがって $f(x) = x$ が $\mathbb{R}$ で連続なことを示せ．

2. 関数 $f(x)$ が $a \in D$ で連続ではないとは，次の主張が成立することであることを確認せよ：

   ある正数 ε に対して，どんな正数 δ をとっても

   $x \in D$ かつ，$|x - a| < \delta$ と $|f(x) - f(a)| \geqq \varepsilon$ を満たす

   x がある．

   (直感的にいうと，いくらでも a に近い x で $f(x)$ が $f(a)$ から離れている D の点 x がある．)

3. $\{a_n\}$ を上に有界な単調増加数列とする．$D = \{a_n \mid n = 1, 2, \cdots\}$ とおくと定理 1.3 の $\sup D$ に対し，$\lim_{n \to \infty} a_n = \sup D$ となることを示し定理 1.2 を証明せよ．

1.4 連続関数，逆関数

連続関数に関する次の定理は直感的に明らかだろう．

定理 1.5 $f(x), g(x)$ が D 上で定義された連続関数とすると $f(x) \pm g(x)$, $f(x)g(x)$ は D 上で連続である．また $\dfrac{f(x)}{g(x)}$ は $\{x \in D \mid g(x) \neq 0\}$ で連続である．

次の定理は**中間値の定理**として知られている．

定理 1.6 (存在定理 IV) 関数 $f(x)$ は閉区間 $[a, b]$ で連続とする．このとき

$f(a)$ と $f(b)$ の中間の任意の実数 k に対して[6], $f(c) = k$ となる $c \in [a,b]$ がある.

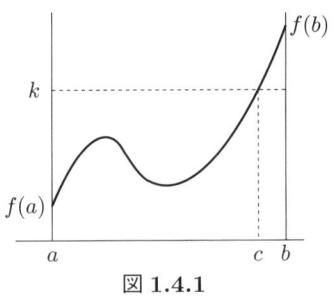

図 **1.4.1**

この定理を区間 $[1,2]$ と $f(x) = x^2, k = 2$ に適用すると $f(1) = 1 < 2 < 4 = f(2)$ だから 2 乗して 2 となる数 $\sqrt{2}$ の存在を主張していて, 有理数しか数と認めなかったギリシャの人には "グラフを描けば明らか" とはいかない.

例 1.11 $f(x) = x^3 + ax^2 + bx + c$ とすると $f(\alpha) = 0$ となる実数 α が存在する.

証明: $x \neq 0$ として $f(x) = x^3 \left(1 + \dfrac{a}{x} + \dfrac{b}{x^2} + \dfrac{c}{x^3} \right)$ と変形すると $|x|$ が大きくなると $\dfrac{1}{x}$ は 0 に近づくから $1 + \dfrac{a}{x} + \dfrac{b}{x^2} + \dfrac{c}{x^3}$ は正の値 1 に近づく. したがって, $B > 0$ が十分大きければ $f(B) > 0$ であり, C が負で $|C|$ が十分大きければ $f(C) < 0$ となる. 区間 $[C, B]$ と $f(x) = x^3 + ax^2 + bx + c, k = 0$ に定理を適用すればよい. ∎

同様に, 奇数次の多項式 $f(x)$ についても $f(c) = 0$ となる実数 c の存在がわかる (奇数次多項式に対する実根の存在).

次の定理は最後の存在定理で, 有界な閉区間での連続関数は最大値, 最小値をとるというものである.

---

[6] $f(a) \leqq f(b)$ なら $f(a) \leqq k \leqq f(b)$ であり, $f(b) \leqq f(a)$ のときは $f(b) \leqq k \leqq f(a)$ である.

定理 1.7 (存在定理 V)　閉区間 $[a,b]$ で関数 $f(x)$ が連続ならば $f(x)$ は最大値と最小値をとる．すなわち，ある $c,d \in [a,b]$ に対し
$$f(c) \leqq f(x) \leqq f(d)$$
がすべての $x \in [a,b]$ について成り立つ．

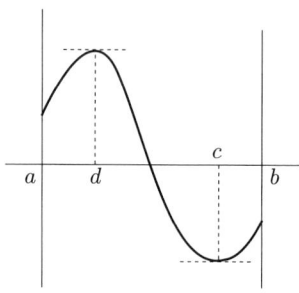

図 1.4.2

この定理では閉区間であることが大事である．たとえば，開区間 $(0,1)$ で連続関数 $f(x) = x$ は最大値も最小値もとらない．

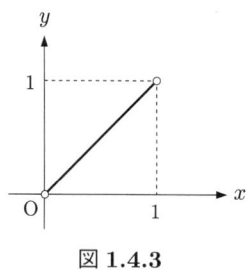

図 1.4.3

これで大黒柱と柱はすべて述べ終えた[7]．これからはこれらをもとに基本的な内装に取り掛かる．

合成関数

関数 $f(x), g(x)$ がそれぞれ区間 I, J 上で定義されていて，$f(x) \in J$ ($^\forall x \in I$) とする．このとき $x \in I$ に対し $g(f(x))$ を対応させる関数を g と f の**合成関**

---

[7] 存在定理たちはそれぞれ独立ではなく，互いに関係している．理論に興味のある読者はどの存在定理からどれが従うのか考えてみると面白い．

数といい，$g \circ f$ と表す．I, J については暗黙のうちにわかっている場合はわざわざいわないことが多い．
$$(g \circ f)(x) = g(f(x))$$
である．

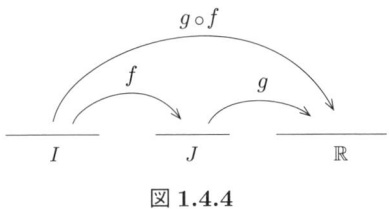

図 1.4.4

例 1.12 $\sqrt{x^2+1}$ は $g(x) = \sqrt{x}$ と $f(x) = x^2+1$ との合成関数 $g(f(x)) = (g \circ f)(x)$ である．

連続関数 $f(x), g(x)$ がそれぞれ I, J 上で定義されていて，$f(x) \in J$ $(\forall x \in I)$ とする．$x \to a$ なら $f(x) \to f(a)$，したがって，$g(f(x)) \to g(f(a))$ となるから次の定理を得る．

定理 1.8 連続関数の合成関数は連続である．

この定理のようにどこで定義されているかは (暗黙のうちにわかっている場合が多く) 省かれる場合が多い．

逆関数

たとえば，関数 $y = 2x$ に対しては $x = \dfrac{1}{2} \cdot y$ と x を y で表すことができる．このように関数 $y = f(x)$ に対し y から x がただ 1 通りに決まる場合がある．このとき x を y の関数として $x = f^{-1}(y)$ と表す[8]．この f^{-1} を関数 $f(x)$ の **逆関数** という．したがって，$y = f(x)$ ならば $x = f^{-1}(y)$ であり，逆も成り立つ．また $(f^{-1} \circ f)(x) = f^{-1}(f(x)) = f^{-1}(y) = x$，$(f \circ f^{-1})(y) = f(f^{-1}(y)) = f(x) = y$ である．

---

[8] $\dfrac{1}{f(x)}$ と混同するかも知れないが，この教科書では関数に対して $\dfrac{1}{f(y)}$ を $f^{-1}(y)$ と書くことはない．

逆関数の存在するための条件を与えよう．

閉区間 $[a,b]$ で $f(x)$ が**狭義単調増加関数** (または**狭義単調減少関数**) とは

$$a \leqq x_1 < x_2 \leqq b \text{ なら } f(x_1) < f(x_2) \text{ (または } f(x_1) > f(x_2))$$

を満たす関数のことである．この両者をまとめて**狭義単調関数**ということにする．

いま $y = f(x)$ が閉区間 $[a,b]$ で連続な狭義単調増加関数とすると，まず中間値の定理から $f(a) \leqq y \leqq f(b)$ なら $y = f(x)$ となる $a \leqq x \leqq b$ がある．さらに狭義単調増加関数であることからこの x はただ 1 つだけである．したがって，f は $[a,b]$ から $[f(a), f(b)]$ への関数であり，f^{-1} は逆に $[f(a), f(b)]$ から $[a,b]$ への関数である．狭義単調減少関数のときは区間 $[f(a), f(b)]$ の代わりに $[f(b), f(a)]$ をとればよく，標語的にいえば，

定理 1.9 連続な狭義単調関数には逆関数があり，

$$y = f(x) \Leftrightarrow x = f^{-1}(y)$$

である．

$y = f^{-1}(x)$ において x と y を入れ替えると $x = f^{-1}(y)$ となるが，これは上のように $y = f(x)$ と同じことである．したがって $y = f^{-1}(x)$ と $y = f(x)$ のグラフは直線 $y = x$ に関して対称である (図 1.4.5)．

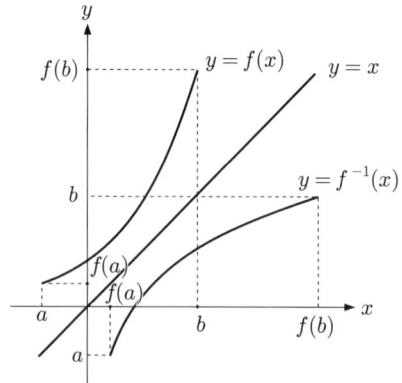

図 **1.4.5**

また図から明らかなように連続な (= 繋がっている) 狭義単調関数の逆関数も，連続な狭義単調関数である．

例 1.13　1.　$y = \sin x$ は $\left[-\dfrac{\pi}{2}, \dfrac{\pi}{2}\right]$ で連続な狭義単調増加関数であり，別の区間 $\left[\dfrac{\pi}{2}, \dfrac{3}{2}\pi\right]$ で連続な狭義単調減少関数である．同じ関数 sin に対しても，どの区間で考えるかによって逆関数は異なる．

2.　$y = f(x) = 2x + 3$ なら $x = \dfrac{y-3}{2}$ だから $f^{-1}(x) = \dfrac{x-3}{2}$ である．

問題 1.4 [A]

1. (1)　$g(x) = \sqrt{x}$, $f(x) = x^2 + 1$ とするとき，合成関数 $f \circ g$ と $g \circ f$ を求めよ．
   (2)　$g(x) = \cos x$ と $f(x) = 3x$ との合成関数 $g \circ f$ と $f \circ g$ を求めよ．
2. 次の関数とその逆関数のグラフを書け．
   (1)　$y = \dfrac{x}{3} - 1$　　　　　(2)　$y = x^2 \ (x \geqq 0)$
   (3)　$y = \dfrac{1}{x} \ (x \neq 0)$　　　　(4)　$y = \dfrac{2x-1}{x+1}$
3. a, b, c, d が $ad - bc \neq 0$ を満たすとき，$y = f(x) = \dfrac{ax+b}{cx+d}$ の逆関数を求めよ．
4. 次の関数とその逆関数のグラフを描け．
   (1)　$y = \sin x \quad \left(-\dfrac{\pi}{2} \leqq x \leqq \dfrac{\pi}{2}\right)$
   (2)　$y = \cos x \quad (0 \leqq x \leqq \pi)$
   (3)　$y = \tan x \quad \left(-\dfrac{\pi}{2} < x < \dfrac{\pi}{2}\right)$

問題 1.4 [B]

1. $g(x) = x - [x]$ と $f(x) = x^2$ の合成関数 $g(f(x)) = (g \circ f)(x)$ を求めて，$y = (g \circ f)(x)$ のグラフを描け．
2. 次の関数を単調な区間に分けてそれぞれの逆関数を求めよ．
$$f(x) = x^2 + 4x + 5$$

1.5 微分

関数 $f(x)$ が区間 $[a,b]$ で定義されているとき

$$\frac{f(b)-f(a)}{b-a}$$

を**平均変化率**という．さらに $a<c<b$ とするとき，点 c での変化率を

$$\lim_{x(\neq c)\to c}\frac{f(x)-f(c)}{x-c}$$

で定義する．この極限は存在しない場合もあるが，存在する場合には関数 $f(x)$ は $x=c$ で**微分可能**といい，その値を $f'(c)$ で表す．したがって，

$$f'(c)=\lim_{x\to c}\frac{f(x)-f(c)}{x-c}=\lim_{h\to 0}\frac{f(c+h)-f(c)}{h} \qquad (1.2)$$

である[9]．ここで $h(\neq 0)$ は 0 に近づくというだけで正負についての条件はない．c を変数とみて $f'(x)$ または $\dfrac{d}{dx}f(x)$ と書き，$f(x)$ の**導関数**という．導関数を求めることを**微分**するという．以下，特に式 (1.2) を用いて微分することを「定義に従って微分する」といおう．

もし $f(x)$ が c で微分可能ならば

$$f(x)-f(c)=\frac{f(x)-f(c)}{x-c}\cdot(x-c)\to f'(c)\cdot 0=0 \quad (x\to c)$$

だから $f(x)$ は c で連続でなければならない．対偶をとれば関数 $f(x)$ が c で連続でなければ微分可能ではない．

例 1.14　1. $f(x)=A$（一定の値 A をとる定数関数）のとき，$f'(x)=0$ である．これは (1.2) から明らかである．
2. $f(x)=x$ のとき

$$f'(c)=\lim_{x\to c}\frac{f(x)-f(c)}{x-c}=1 \qquad (1.3)$$

---

[9] 物理などでは h を x の変化量，$f(c+h)-f(c)$ を $y=f(x)$ の変化量といい，それぞれ $\varDelta x,\ \varDelta y$ と書き，$\lim\limits_{\varDelta x\to 0}\dfrac{\varDelta y}{\varDelta x}$ と書くことがある．

3. $f(x) = x^2$ のとき $\dfrac{f(x) - f(c)}{x - c} = \dfrac{x^2 - c^2}{x - c} = x + c$ だから
$$f'(c) = \lim_{x \to c}(x + c) = 2c$$
すなわち $(x^2)' = 2x$ である.

4. $f(x) = |x|$ とすると, $c \neq 0$ なら x が十分 c に近ければ x と c は同符号だから
$$f'(c) = \lim_{x \to c} \frac{|x| - |c|}{x - c} = \begin{cases} 1 & (c > 0), \\ -1 & (c < 0) \end{cases}$$
であるのに対し, $c = 0$ なら
$$\lim_{x \to 0} \frac{|x| - |0|}{x - 0} = \lim_{x \to 0} \frac{|x|}{x} = \begin{cases} 1 & (x > 0, x \to 0), \\ -1 & (x < 0, x \to 0) \end{cases}$$
となり, 極限 $f'(0)$ は存在しない. これは $x = c$ で連続であっても $x = c$ で微分できない例になっている.

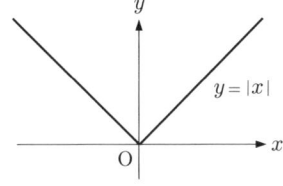

図 **1.5.1**

5. $f(x) = \sqrt{x}$ $(x > 0)$ とすると $c > 0$ に対して
$$\frac{\sqrt{x} - \sqrt{c}}{x - c} = \frac{(\sqrt{x} - \sqrt{c})(\sqrt{x} + \sqrt{c})}{(x - c)(\sqrt{x} + \sqrt{c})} = \frac{1}{\sqrt{x} + \sqrt{c}} \to \frac{1}{2\sqrt{c}} \quad (x \to c)$$
だから $\sqrt{x}' = \dfrac{1}{2\sqrt{x}}$ である.

6. 時刻 x における車の走行距離を $f(x)$ で表すと, 走行距離の平均変化率である平均速度の極限として速度 $f'(x)$ が定義されている.

7. 関数 $f(x)$ は $x = c$ で微分可能とする. このとき
$$\lim_{x \to c} \frac{f(x) - f(c)}{x - c} = f'(c)$$

だから x が c に十分近ければ
$$\frac{f(x)-f(c)}{x-c} \fallingdotseq f'(c)$$
となるから，左辺の分母を払って
$$f(x)-f(c) \fallingdotseq f'(c)(x-c), \quad \text{すなわち} \quad f(x) \fallingdotseq f'(c)(x-c)+f(c)$$
であり，これは $y=f(x)$ のグラフは (x が c に十分近い所で) 直線 $y=f'(c)(x-c)+f(c)$ で十分近似されることを示している．この直線を点 $(c,f(c))$ (または c) での曲線の**接線**といい，
$$y=f'(c)(x-c)+f(c)$$
を**接線の方程式**という．また，点 $(c,f(c))$ と $(t,f(t))$ を結ぶ直線の方程式は
$$y-f(c) = \frac{f(t)-f(c)}{t-c} \cdot (x-c)$$
だから，この直線が $t \to c$ としたときに近づく先の直線が $(c,f(c))$ における接線である．

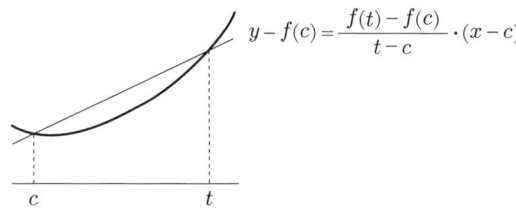

図 1.5.2

定理 1.10 連続関数 $f(x), g(x)$ が $x=c$ でともに微分可能とする[10]．このとき以下のことが成り立つ[11]．
$$(kf)'(c) = kf'(c) \quad (k \text{ は定数}),$$

---

[10] いちいち断らないことが多いが，ある $a<c<b$ となる a,b に対し f も g も区間 (a,b) で定義されているとしている．

[11] 以下で，たとえば $(kf)'(c)$ とあるのは関数 $F(x)=kf(x)$ の $F'(c)$ のことである．他も同様．

$$(f+g)'(c) = f'(c) + g'(c),$$

$$(fg)'(c) = f'(c)g(c) + f(c)g'(c),$$

$$\left(\frac{1}{f}\right)'(c) = -\frac{f'(c)}{f(c)^2} \quad (f(c) \neq 0 \text{ とする}),$$

$$\left(\frac{g}{f}\right)'(c) = \frac{g'(c)f(c) - g(c)f'(c)}{f(c)^2} \quad (f(c) \neq 0 \text{ とする}).$$

証明：1 番目と 2 番目のは定義 (1.2) から明らかだろう．重要な 3 番目の積についての式を見てみよう．$F(x) = f(x)g(x)$ とおけば

$$\frac{F(x) - F(c)}{x - c} = \frac{f(x)g(x) - f(c)g(c)}{x - c}$$

$$= \frac{(f(x) - f(c))g(x) + f(c)(g(x) - g(c))}{x - c}$$

$$= \frac{f(x) - f(c)}{x - c}g(x) + f(c)\frac{g(x) - g(c)}{x - c}$$

は $x \to c$ のとき $f'(c)g(c) + f(c)g'(c)$ に近づくから $F'(c) = (fg)'(c) = f'(c)g(c) + f(c)g'(c)$ となる．次に $f(c) \neq 0$ のとき命題 1.1 によって x が c に近ければ $f(x) \neq 0$ だから

$$\frac{\frac{1}{f(x)} - \frac{1}{f(c)}}{x - c} = -\frac{f(x) - f(c)}{(x - c)f(x)f(c)}$$

は $x \to c$ のとき $-\dfrac{f'(c)}{f(c)^2}$ に近づき 4 番目の式を得る．最後の式は関数 $g(x)$ と $\dfrac{1}{f(x)}$ の積の微分と考えて

$$\left(\frac{g}{f}\right)'(c) = \left(g(x) \cdot \frac{1}{f(x)}\right)'(c) = g'(c) \cdot \frac{1}{f(c)} + g(c) \cdot \left(-\frac{f'(c)}{f(c)^2}\right)$$

となり，これを通分すればよい． ∎

定理 1.10′ (微分公式) c を変数 x に置き換えると，次の微分の公式となる．

$$(kf)'(x) = kf'(x) \quad (k \text{ は定数}),$$

$$(f+g)'(x) = f'(x) + g'(x),$$

$$(fg)'(x) = f'(x)g(x) + f(x)g'(x),$$

$$\left(\frac{1}{f}\right)'(x) = -\frac{f'(x)}{f(x)^2} \quad (f(x) \neq 0 \text{ とする}),$$

$$\left(\frac{g}{f}\right)'(x) = \frac{g'(x)f(x) - g(x)f'(x)}{f(x)^2} \quad (f(x) \neq 0 \text{ とする}).$$

複雑な関数の微分もこれらの組み合わせと，後で述べる合成関数の微分に帰着される場合がほとんどである．

定理 1.11 n を整数とすると

$$(x^n)' = nx^{n-1}$$

である．

証明：まず n を自然数とすると

$$X^n - 1 = (X - 1)(X^{n-1} + X^{n-2} + \cdots + 1)$$

だから $X = \dfrac{x}{y}$ を代入し，両辺に y^n を掛けて

$$x^n - y^n = (x - y)(x^{n-1} + x^{n-2}y + \cdots + xy^{n-2} + y^{n-1}).$$

したがって，$y = c$ として

$$\frac{x^n - c^n}{x - c} = x^{n-1} + x^{n-2}c + \cdots + xc^{n-2} + c^{n-1} \to nc^{n-1} \quad (x \to c)$$

となり，定理は正しい．$n = 0$ のときも定義 (1.2) によって正しい[12]．$n < 0$ のときは $m = -n$ とおくと，定理 1.10 によって

$$(x^n)' = \left(\frac{1}{x^m}\right)' = -\frac{mx^{m-1}}{(x^m)^2} = -mx^{-m-1} = nx^{n-1}$$

を得る． ∎

微分の応用として $f(a) = g(a) = 0$ であっても $\displaystyle\lim_{x \to a} \frac{f(x)}{g(x)}$ が求まる場合がある．

---

[12] 変数 x に対し x^0 は普通 1 と定義する．

1.5 微分

定理 1.12 (ロピタルの定理) 関数 $f(x), g(x)$ が $x=a$ で微分可能で $f(a) = g(a) = 0$ かつ $g'(a) \neq 0$ なら

$$\lim_{x \to a} \frac{f(x)}{g(x)} = \frac{f'(a)}{g'(a)}$$

である.

証明：以下のように変形すればよい.

$$\lim_{x \to a} \frac{f(x)}{g(x)} = \lim_{x \to a} \frac{\frac{f(x)-f(a)}{x-a}}{\frac{g(x)-g(a)}{x-a}} = \frac{f'(a)}{g'(a)} \qquad \blacksquare$$

このままでは $g'(a) = 0$ のときは使えないが，それについては後の系 1.3 で触れる.

例 1.15

$$\lim_{x \to 3} \frac{\sqrt{x+1}-2}{x-3} = \lim_{x \to 3} \frac{\frac{1}{2\sqrt{x+1}}}{1} = \frac{1}{4}$$

この例では分母子に $\sqrt{x+1}+2$ を掛けて分子を有理化してもよい.

問題 1.5 [A]

1. 次のグラフの概形を描き，与えられた点での接線の方程式を求めよ.
   - (1) $y = 2x+1$ (任意の点で)
   - (2) $y = x^2 + 5x$ ($x = -3$ で)
   - (3) $y = x^3 - x + 1$ ($x = 1$ で)
   - (4) $y = \dfrac{2x}{x+1}$ ($x = 1$ で)
   - (5) $y = \sqrt{x}$ ($x = 2$ で)

2. 次の導関数を求めよ.
   - (1) $3x + 4$
   - (2) $x^2 + 5x + 7$
   - (3) $(x^2 - x + 4)(x^2 + x + 1)$
   - (4) $2 + x^{-1} + x^{-2}$
   - (5) $\dfrac{x-1}{x+1}$
   - (6) $\dfrac{x^2 + x + 1}{x^2 - x - 1}$
   - (7) $\dfrac{x^2 + 5}{x^3 + x^2 + 3}$
   - (8) $\dfrac{1 + \frac{1}{x}}{1 + \frac{1}{x^2}}$

(9) $\dfrac{\sqrt{x}}{x+1}$

3. 次の関数の導関数を定義に従って求めよ．

(1) $ax^2 + bx + c$ (2) x^4 (3) $\dfrac{1}{x}$

(4) $\dfrac{1}{x^2}$ (5) $\sqrt[3]{x}$

4. 次の極限値を求めよ．

(1) $\displaystyle\lim_{x\to -1}\dfrac{x^2 - x - 2}{x^3 + 1}$ (2) $\displaystyle\lim_{x\to 0}\dfrac{(2+x)^3 - (2-x)^3}{x}$

(3) $\displaystyle\lim_{x\to 0}\dfrac{\sqrt{1+x} - \sqrt{1-x}}{x}$

問題 1.5 [B]

1. $(x+1)^n = a_0 + a_1 x + a_2 x^2 + \cdots + a_k x^k + \cdots + a_n x^n$ とおく (二項展開)．

   (1) a_0 を求めよ．
   (2) 両辺を微分することにより a_1 を求めよ．
   (3) a_k を求めよ．

2. $\sqrt{1-x} = a_0 + a_1 x + a_2 x^2 + a_3 x^3 + a_4 x^4 + \cdots$ とおくとき，両辺を微分することにより $a_0, a_1, a_2, a_3, a_4, a_5$ を求めよ．

1.6 平均値の定理

応用上便利な**平均値の定理**と呼ばれる存在定理について述べよう．

定理 1.13 (ロルの定理) 関数 $f(x)$ が閉区間 $[a,b]$ で連続で (a,b) で微分可能とする．$f(a) = f(b)$ なら $f'(c) = 0$ となる c $(a < c < b)$ がある．

証明：$f(x)$ が定数なら $f'(x) = 0$ だからすべての c で $f'(c) = 0$ である．$f(x)$ が定数でなく $f(x_0) > f(a)$ となる $x_0 \in (a,b)$ があるとする．このとき定理 1.7 によってある $c \in [a,b]$ で $f(x)$ は最大値をとるが，$f(c) \geqq f(x_0) > f(a) = f(b)$ によって $c \neq a, b$ である．このとき

$$f'(c) = \lim_{h\to 0}\dfrac{f(c+h) - f(c)}{h}$$

であるが，分子は $f(c)$ の最大性により常に負または 0 であることに注意して，$h > 0$ かつ $h \to 0$ とすれば $f'(c) \leqq 0$，また $h < 0$ かつ $h \to 0$ とすれば $f'(c) \geqq 0$ だからあわせて $f'(c) = 0$ を得る．$f(x_1) < f(a)$ となる $x_1 \in (a, b)$ があれば $f(x)$ が最小値をとる点を c として同様に $f'(c) = 0$ を得る． ∎

定理 1.14 (平均値の定理) 関数 $f(x)$ が閉区間 $[a, b]$ で連続で (a, b) で微分可能なら

$$\frac{f(b) - f(a)}{b - a} = f'(c) \tag{1.4}$$

となる c $(a < c < b)$ がある．

証明：

$$\varphi(x) = f(x) - \left\{ \frac{f(b) - f(a)}{b - a}(x - a) + f(a) \right\}$$

とおくと，$\varphi(a) = \varphi(b) = 0$ かつ (a, b) で微分可能だからロルの定理が適用できて，ある c $(a < c < b)$ に対して $\varphi'(c) = 0$ となる．一方

$$\varphi'(c) = f'(c) - \frac{f(b) - f(a)}{b - a}$$

だからこの c が求めるものである． ∎

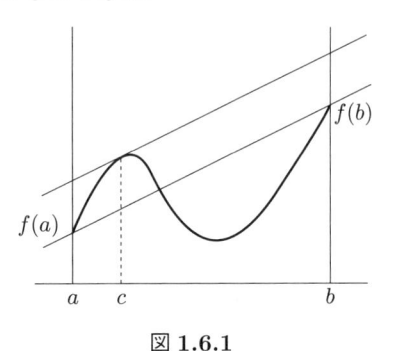

図 1.6.1

定理では $a < b$ であるが，(1.4) の分母を払って

$$f(b) - f(a) = f'(c)(b - a) \tag{1.5}$$

の形に書いておけば $b \leqq a$ でも成立している ($a = b$ のときは $c = a$ とおけばよい)．応用として

定理 1.15 関数 $f(x)$ の導関数が開区間 (A, B) で恒等的に 0 なら $f(x)$ は定数関数である．

証明：$A < a < b < B$ となる a, b を任意にとり，(1.4) を適用して $f(a) = f(b)$ を得る． ∎

例 1.16 c を定数とする．$f'(x) = c$ なら $f(x) = cx + d$ の形であり，$(f'(x))' = f^{(2)}(x) = c$ なら $f(x) = \dfrac{c}{2}x^2 + dx + e$ の形である．

証明：$f'(x) = c$ なら $g(x) = f(x) - cx$ とおくと $g'(x) = 0$ だから $g(x)$ は定数となる．$g(x) = d$ とおくと $f(x) = cx + d$ である．

また $f^{(2)}(x) = c$ なら $g(x) = f(x) - \dfrac{c}{2}x^2$ とおくと $g'(x) = f'(x) - cx$ であり，$g'(x)$ の微分は仮定から 0 だから $g'(x) = d$ (d は定数) となる．よって，$g(x) = dx + e$ となる定数 e があり，$f(x) = \dfrac{c}{2}x^2 + g(x) = \dfrac{c}{2}x^2 + dx + e$ となる． ∎

次の定理が関数の増減表の基礎であり，しばしば不等式の証明に利用される．

定理 1.16 関数 $f(x)$ が区間 $[a, b]$ で連続で，(a, b) で微分可能で $^\forall x \in (a, b)$ に対し $f'(x) > 0$ (または $f'(x) < 0$) なら $f(a) < f(b)$ (または $f(a) > f(b)$) である．このとき関数 $f(x)$ はこの区間で**増加** (または**減少**) するという．

証明：平均値の定理の (1.4) または (1.5) から明らかである． ∎

例 1.17 $x > 0$ のとき $1 + \dfrac{x}{2} > \sqrt{1+x}$ である．

証明：$x \geqq 0$ で $f(x) = 1 + \dfrac{x}{2} - \sqrt{1+x}$ とおくと $f(0) = 0$ かつ $f'(x) = \dfrac{1}{2}\left(1 - \dfrac{1}{\sqrt{1+x}}\right) > 0 \ (x > 0)$ だから区間 $[0, b]$ に上の定理を適用して $f(0) < f(b)$ である．したがって $1 + \dfrac{b}{2} > \sqrt{1+b}$ を得る．$b > 0$ は任意なので b を x とおけばよい． ∎

問題 1.6 [A]

1. 次のグラフの概形を描け．

    (1) $y = \dfrac{1}{x^2+1}$ 　　　　(2) $y = \dfrac{x^2}{x+1}$

(3) $y = \dfrac{x^2-1}{x^2+1}$　　　　　　(4) $y = \dfrac{x^2+1}{x^2-1}$

2. 定理 1.13(平均値の定理) は次のようにも表せることを示せ.
   関数 $f(x)$ が閉区間 $[a,b]$ で連続で開区間 (a,b) で微分可能なら
   $$\frac{f(b)-f(a)}{b-a} = f'(a+(b-a)\theta))$$
   となる $\theta(0<\theta<1)$ がある.

3. 正数 a,b に対し次の関数の最大値, 最小値(もしあれば)を求めよ.
   (1)　$x^a(1-x)^b$ $(0 \leqq x \leqq 1)$　　(2)　$x^a + x^{-b}$ $(x>0)$

4. $x>1$ のとき次の不等式を区間 $[1,x]$ で平均値の定理を用いて証明せよ.
   (1)　$x^p - 1 < p(x-1)$ $(0<p<1)$
   (2)　$x^p - 1 > p(x-1)$ $(p>1)$

5. $f(x)$ は $x \geqq 0$ で連続, $x>0$ で微分可能で $f(0)=0$, $|f'(x)|<a$ $(a>0)$ を満たすとき, $-ax < f(x) < ax$ を示せ.

問題 1.6 [B]

1. $a>0, b>0, 0 \leqq \lambda \leqq 1$ とするとき, $\lambda a + (1-\lambda)b \geqq a^\lambda b^{1-\lambda}$ を示せ.
2. $r<1$ とする. $0<a<x$ のとき, 不等式 $x^r - a^r < (x-a)^r$ が成り立つことを示せ.

1.7　合成関数の微分

複雑な関数を微分するときに役立つ合成関数の微分について述べよう.

定理 1.17　関数 $z = f(y)$, $y = g(x)$ がそれぞれ微分可能でかつ $f'(x)$ が連続ならば[13], 合成関数 $z = f(g(x))$ も微分可能で
$$(f \circ g)'(x) = f'(g(x))g'(x) \tag{1.6}$$
である.

証明:定理は標語的に述べてあるので証明のために厳密に述べれば, 関数 $y = g(x)$ が開区間 (A,B) で定義されていて点 c $(A < {}^\forall c < B)$ で微分可能で,

---

[13] 導関数 $f'(x)$ の連続性は不要であるが, われわれの直観にあう連続関数は $f'(x)$ も連続であるものがほとんどである上に, それを省くと証明がはじめはわかりにくい.

また関数 $z = f(y)$ が点 $g(c)$ を含む開区間で定義され $g(c)$ で微分可能なら，合成関数 $f \circ g$ は c で微分可能で (1.6) が成立する．

$A < c < B$ とする．平均値の定理の (1.5) の形を
$$a = g(c+h), b = g(c)$$
に適用する．このとき a と b の間にある C に対して
$$f(a) - f(b) = f'(C)(a-b)$$
となる．したがって
$$\frac{f(g(c+h)) - f(g(c))}{h} = f'(C) \cdot \frac{g(c+h) - g(c)}{h} \tag{1.7}$$
を得る．ここで $a = b$ のときは $C = g(c)$ としておく．そうすると (1.7) において $h \to 0$ とすれば，C は $g(c+h)$ と $g(c)$ の間にあるから $C \to g(c)$ である．したがって，$f'(x)$ の連続性から
$$\lim_{h \to 0} f'(C) = f'(g(c))$$
となる．さらに，$g(x)$ は c で微分可能だから
$$\lim_{h \to 0} \frac{g(c+h) - g(c)}{h} = g'(c)$$
となって，これらを (1.7) に適用して (1.6) で $x = c$ とした式が得られ，証明が終わる． ∎

この定理の直感的証明は次のようなものである．
$$\frac{f(g(c+h)) - f(g(c))}{h} = \frac{f(g(c+h)) - f(g(c))}{g(c+h) - g(c)} \times \frac{g(c+h) - g(c)}{h}$$
であり，$g(c+h) = g(c) + H$ とおくと，$h \to 0$ のとき $H \to 0$ だから
$$\frac{f(g(c+h)) - f(g(c))}{h} = \frac{f(g(c) + H) - f(g(c))}{H} \times \frac{g(c+h) - g(c)}{h}$$
$$\to f'(g(c))g'(c) \quad (h \to 0)$$
となるというものである．ここで h が十分 0 に近いとき常に $H = g(c+h) - g(c) \neq 0$ なら（たとえば $g(x)$ が狭義単調関数なら）これで証明は $f'(x)$ の

連続性を仮定しなくても正しい．しかし，一般には h が 0 に近いところで $g(c+h) = g(c)$ となることがあるからこの証明では不十分である．

例 1.18　1. $f(y) = \dfrac{1}{y}$, $y = g(x)$ のとき $f'(y) = -\dfrac{1}{y^2}$ だから
$$\left(\frac{1}{g(x)}\right)' = (f(g(x)))' = -\frac{1}{g(x)^2} \cdot g'(x).$$

2. $(x^2 + 5x + 1)^7$ の微分は $f(y) = y^7, g(x) = x^2 + 5x + 1$ として
$$((x^2+5x+1)^7)' = (f(g(x)))' = 7(g(x))^6 g'(x) = 7(x^2+5x+1)^6 (2x+5)$$

定理 1.18　a が有理数のとき $(x^a)' = ax^{a-1}$ $(x > 0)$ である．

証明：まず n を自然数とし $a = \dfrac{1}{n}$ のときを考える．

$$\left(x^{\frac{1}{n}}\right)' = \lim_{y \to x} \frac{y^{\frac{1}{n}} - x^{\frac{1}{n}}}{y - x}$$

ここで $Y = y^{\frac{1}{n}}$, $X = x^{\frac{1}{n}}$ とおいて

$$= \lim_{y \to x} \frac{(Y - X)\{Y^{n-1} + Y^{n-2}X + \cdots + YX^{n-2} + X^{n-1}\}}{(Y^n - X^n)\{Y^{n-1} + Y^{n-2}X + \cdots + YX^{n-2} + X^{n-1}\}}$$

$$= \lim_{y \to x} \frac{1}{Y^{n-1} + Y^{n-2}X + \cdots + YX^{n-2} + X^{n-1}}$$

$$= \frac{1}{nX^{n-1}}$$

$$= \frac{1}{n}x^{\frac{1}{n}-1}$$

となって $a = \dfrac{1}{n}$ のときは正しい．

次に $a = \dfrac{m}{n}$ (n は自然数で, m は整数) とする．関数 $x^{\frac{m}{n}}$ を合成関数 $(x^m)^{\frac{1}{n}}$ とみて，$f(y) = y^{\frac{1}{n}}, y = g(x) = x^m$ に合成関数の微分公式を適用して

$$\left(x^{\frac{m}{n}}\right)' = \frac{1}{n} y^{\frac{1}{n}-1} \cdot y' = \frac{1}{n} x^{\frac{m}{n}-m} \cdot mx^{m-1} = \frac{m}{n} x^{\frac{m}{n}-1}$$

となって証明を終わる．

逆関数の微分

定理 1.9 で連続な狭義単調関数には逆関数があることを学んだが，次の定理のように微分可能性も引き継がれる．

定理 1.19 $y = f(x)$ が $x = c$ のまわりで定義された狭義単調関数で $x = c$ で微分可能で $f'(c) \neq 0$ なら，その逆関数 $f^{-1}(x)$ は $f(c)$ で微分可能であり，

$$(f^{-1})'(f(c)) = \frac{1}{f'(c)}$$

である．標語的に表せば

$$(f^{-1})'(y) = \frac{1}{y'}$$

である．

証明：簡単のため $g(y) = f^{-1}(y)$ とおく．よって $y = f(x)$ と $x = g(y)$ は同値であり，$g(f(x)) = x, f(g(y)) = y$ である．いま $h \neq 0$ に対して

$$k = g(f(c) + h) - g(f(c)) = g(f(c) + h) - c$$

とおくと関数 g は狭義単調なので $k \neq 0$ であり，また $g(f(c) + h) = c + k$ だから両辺を f で移して $f(c) + h = f(c + k)$，すなわち $f(c + k) - f(c) = h$ となる．また図を描けば直感的に明らかなので省くが，上式から $k \to 0$ と $h \to 0$ は同値であることがわかり

$$\frac{g(f(c) + h) - g(f(c))}{h} = \frac{k}{h} = \frac{1}{\frac{h}{k}} = \frac{1}{\frac{f(c+k)-f(c)}{k}} \to \frac{1}{f'(c)} \quad (h \to 0)$$

を得る． ∎

定理の，より直感的証明は図 1.7.1 のように $y = f(x)$ のグラフと逆関数 $y = g(x)$ のグラフが直線 $y = x$ に関して対称だから

$$y = f(x) \text{ が } x = c \text{ で接線 } y - f(c) = f'(c)(x - c) \text{ をもつ}$$

ことと x と y を入れ換えて，

$$y = g(x) \text{ が } x = f(c) \text{ で接線 } x - f(c) = f'(c)(y - c) \text{ をもつ}$$

ことは同値である．したがって，曲線 $y = f(x)$ の $x = c$ での傾き $f'(c)$ が 0 でなければ，その逆関数の $x = f(c)$ での接線の傾きは $\dfrac{1}{f'(c)}$ である．また逆関数

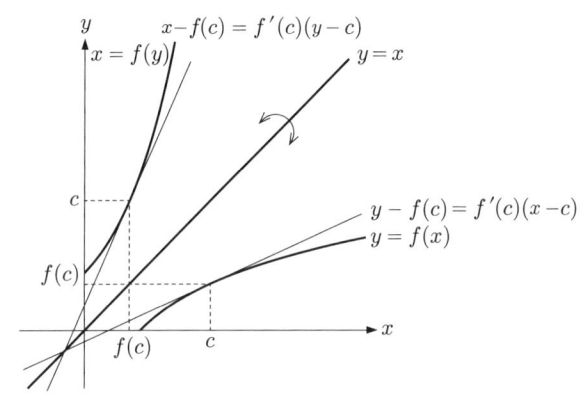

図 1.7.1

$g(x)$ の微分可能性を認めてしまえば $g(f(x)) = x$ を微分して $g'(f(x))f'(x) = 1$ としてもよい.

高次導関数

関数 $y = f(x)$ が n 回続けて微分できるとき n 回微分可能といい, n 回微分した関数を n 次導関数といい

$$y^{(n)},\ f^{(n)}(x),\ \frac{d^n}{dx^n}f(x),\ \frac{d^nf}{dx^n}(x)$$

などと表す. $f^{(0)}(x)$ は $f(x)$ とするのが普通であり, y', y'' を $y^{(1)}, y^{(2)}$ と表すこともある.

例 1.19　1. $y = x^2$ のとき $y^{(1)} = 2x,\ y^{(2)} = 2,\ y^{(n)} = 0\ (n \geqq 3)$.

2. 関数

$$y = f(x) = \begin{cases} x^2 & (x \geqq 0), \\ -x^2 & (x < 0) \end{cases}$$

とおくと, $x > 0$ では $y' = 2x$, $x < 0$ では $y' = -2x$ であり, $x = 0$ では

$$\frac{f(h) - f(0)}{h} = \begin{cases} h & (h > 0) \\ -h & (h < 0) \end{cases} \to 0 \quad (h \to 0)$$

だから $x = 0$ でも微分可能である. しかし $y' = 2|x|$ だから例 1.14 の 4 のように $y^{(2)}$ は $x = 0$ で存在しない.

有用な関数の多くは何度でも微分できる．

問題 1.7 [A]

1. 次を微分せよ．
   - (1) $(x^2 + x + 1)^3$
   - (2) $(3x + 7)^5$
   - (3) $(ax + b)^n$
   - (4) $\dfrac{1}{x^2 + x + 1}$
   - (5) $\dfrac{1}{(x^2 + x + 1)^3}$
   - (6) $\left(x + \dfrac{1}{x}\right)^4$
   - (7) $\sqrt{x^2 + 3x + 7}$
   - (8) $\sqrt{x + \sqrt{x^2 + 1}}$
   - (9) $\left(\dfrac{x^2}{2x - 3}\right)^4$

2. 次の関数の 2 次導関数 $y^{(2)}$ を求めよ．
   - (1) $x^4 + 3x^2 + 2x + 7$
   - (2) $(x^3 + 1)^2$
   - (3) $\sqrt{x + 1}$
   - (4) $\sqrt[3]{x^2 + 3}$
   - (5) $\dfrac{1}{x^2 + 1}$
   - (6) $\dfrac{x}{x^2 + 1}$

3. 次の関数の n 次導関数を求めよ．
   - (1) x^m ($m < 0, n \leqq m, 0 \leqq m < n$ に場合分けをせよ)
   - (2) $\dfrac{1}{1 + x}$
   - (3) $\dfrac{1}{1 - x}$
   - (4) $\dfrac{1}{(1 - x)^2}$

問題 1.7 [B] 次を微分せよ．

- (1) $\left\{(x^a + 1)^b + 1\right\}^c$
- (2) $\sqrt{\sqrt{x + 1} + \dfrac{1}{\sqrt{x + 1}}}$

1.8 級数

数列 $a_1, a_2, \cdots, a_n, \cdots$ に対し無限和

$$a_1 + a_2 + \cdots + a_n + \cdots$$

を (無限) 級数といい，a_n は項という．これを $\displaystyle\sum_{n=1}^{\infty} a_n$, $\displaystyle\sum_{n \geqq 1} a_n$ あるいは単に $\displaystyle\sum a_n$ などと書く．無限和の正確な定義は部分和

$$s_n = a_1 + \cdots + a_n$$

を考え，数列 s_n が A に収束するとき級数 $\displaystyle\sum_{n=1}^{\infty} a_n$ は A に収束するといい，

$$\sum_{n=1}^{\infty} a_n = A \left(= \lim_{n \to \infty} s_n\right)$$

と書く．また，A を級数の **和** という．収束しない級数を**発散**するという．

例 1.20 1. $a_n = (-1)^n$ とすると n が偶数なら $s_n = 0$, 奇数なら $s_n = -1$ となって $\lim s_n$ は存在しないから，級数 $\sum a_n$ は発散する．これを勝手にかっこでくくって

$$(-1) + 1 + (-1) + 1 + (-1) + \cdots = \{(-1) + 1\} + \{(-1) + 1\} + \cdots$$
$$= 0 + 0 + \cdots = 0$$

としてはいけない．別のくくり方をすれば

$$(-1) + 1 + (-1) + 1 + (-1) + \cdots = -1 + \{1 + (-1)\} + \{1 + (-1)\} + \cdots$$
$$= -1 + 0 + 0 + \cdots = -1$$

となってしまう．

2. (**等比級数**) 実数 c に対し $a_n = c^{n-1}$ とする．$c \neq 1$ なら

$$s_n = 1 + \cdots + c^{n-1} = \frac{1 - c^n}{1 - c}$$

だから，$|c| < 1$ のとき $\lim_{n \to \infty} c^n = 0$ となり s_n は $\dfrac{1}{1-c}$ に収束する．すなわち

$$\sum_{n \geq 0} c^n = \frac{1}{1-c} \quad (|c| < 1)$$

一方，$|c| \geq 1$ のときは発散する．

後でみるように多くの大事な関数が無限和として表されることを注意しておく．

数列 $a_1, a_2, \cdots, a_n, \cdots$ に対し無限和 $\displaystyle\sum_{n=1}^{\infty} |a_n| = |a_1| + \cdots + |a_n| + \cdots$ が収束するとき級数 $\sum a_n$ は **絶対収束**[14] するという．級数 $\sum a_n$ が絶対収束するとき，$\displaystyle\sum_{m=1}^{n} |a_m| \leq \sum_{m=1}^{\infty} |a_m|$ だから部分和 $b_n = \displaystyle\sum_{m=1}^{n} |a_m|$ は上に有界な

---

[14] 「絶対に収束」するではなく，絶対収束でひとつの用語である．

増加数列である．逆に，増加数列 $b_n = \sum_{m=1}^{n} |a_m|$ が上に有界なら定理 1.2 によって数列 b_n は収束する．したがって，級数 $\sum a_n$ が絶対収束することと $b_n = \sum_{m=1}^{n} |a_m|$ が上に有界であることは同値である．

次の定理は基本的である．

定理 1.20　絶対収束する級数は収束する．

証明：級数 $\sum a_n$ が絶対収束するとする．このとき部分和 $s_n = a_1 + \cdots + a_n$ が収束することをいう．そのために

$$s_n^+ = \sum_{\substack{i=1 \\ a_i \geqq 0}}^{n} a_i, \quad s_n^- = -\sum_{\substack{i=1 \\ a_i < 0}}^{n} a_i = \sum_{\substack{i=1 \\ a_i < 0}}^{n} |a_i|$$

とおくと，$s_n^+ \geqq 0, s_n^- \geqq 0$ であり

$$\sum_{i=1}^{n} |a_i| = s_n^+ + s_n^-$$

は仮定からある値 A に収束する．このとき

$$s_1^+ \leqq s_2^+ \leqq \cdots \leqq s_n^+ \leqq \sum_{i=1}^{n} |a_i| \leqq A,$$
$$s_1^- \leqq s_2^- \leqq \cdots \leqq s_n^- \leqq \sum_{i=1}^{n} |a_i| \leqq A$$

だから s_n^+, s_n^- ともに上に有界な増加数列となり定理 1.2 から数列 s_n^+, s_n^- は収束する．したがって

$$s^+ = \lim_{n \to \infty} s_n^+, \quad s^- = \lim_{n \to \infty} s_n^-$$

とおくと

$$\sum_{i=1}^{n} a_i = s_n^+ - s_n^- \to s^+ - s^- \quad (n \to \infty)$$

となって級数 $\sum a_n$ は収束することが示された． ∎

級数が絶対収束するための簡単かつ強力な十分条件を与えておこう．

定理 1.21 $A > 0, 0 < c < 1$ に対し $|a_n| \leqq Ac^n$ なら級数 $\sum a_n$ は絶対収束，したがって，収束する．

証明：
$$s_n = \sum_{i=1}^{n} |a_i|, \quad S_n = \sum_{i=1}^{n} Ac^i$$
とおくと仮定から
$$s_n \leqq S_n = \frac{Ac(1-c^n)}{1-c} < \frac{Ac}{1-c}$$
である．したがって，s_n は上に有界な増加数列となり定理 1.2 から s_n は収束する，よって級数 $\sum a_n$ は絶対収束する．∎

絶対収束しないが収束する級数の扱いは難しい．しかし有用な級数はたいていの場合，絶対収束する．さらに a_n として比較的簡単な関数，たとえば x^n, $\sin(nx)$, $\cos(nx)$ などの定数倍をとって新しい関数をその無限和として表すことも多い．ここでは重要な 3 つの例を挙げておこう．

例 1.21 実数 x に対して
$$E(x) = \sum_{n \geqq 0} \frac{x^n}{n!} = 1 + \frac{x}{1!} + \frac{x^2}{2!} + \cdots + \frac{x^n}{n!} + \cdots$$
$$C(x) = \sum_{k \geqq 0} \frac{(-1)^k}{(2k)!} x^{2k} = 1 - \frac{x^2}{2!} + \frac{x^4}{4!} - \cdots + \frac{(-1)^k}{(2k)!} x^{2k} + \cdots$$
$$S(x) = \sum_{k \geqq 0} \frac{(-1)^k}{(2k+1)!} x^{2k+1} = x - \frac{x^3}{3!} + \frac{x^5}{5!} - \cdots + \frac{(-1)^k}{(2k+1)!} x^{2k+1} + \cdots$$
は絶対収束，特に収束する．ここで n が自然数なら
$$n! = 1 \cdot 2 \cdot 3 \cdots n$$
であり，便宜的に $0! = 1$ とおく．

証明の前に注意をしておくと，上の例はすでに高校でならった馴染みのある関数の級数表示で $E(x)$ が**指数関数** e^x の厳密な定義[15] で，さらに $C(x) =$

---

[15] 指数関数 e^x は $\exp(x)$ とも書かれる極めて重要な関数でその性質をこの定義にもとづいて次節で詳しく調べる．多くは既知の性質であろうと思うがどのように証明するか一度はみて

$\cos x$, $S(x) = \sin x$ である[16].

これを認めてしまえば $E(ix) = C(x) + iS(x)$, すなわち

$$e^{ix} = \cos x + i\sin x$$

が容易に得られ[17], $x = \pi$ を代入して

$$e^{i\pi} + 1 = 0$$

という数学にとって大事な定数 $0, 1, i, e, \pi$ の間の美しい関係式が得られる.

証明：実数 x を任意に固定し，それに対して $|x| < M$ となる自然数 M を勝手にとる．このとき $m > 2M$ となる自然数 m に対して

$$\left|\frac{x^m}{m!}\right| = \frac{|x|^m}{m!} < \frac{M^m}{(2M)!\,(2M+1)\cdots(m-1)m}$$

$$\leq \frac{M^m}{(2M)!} \cdot \frac{1}{(2M)^{m-2M}} = \frac{M^m}{(2M)!} \cdot \frac{(2M)^{2M}}{(2M)^m}$$

$$= \frac{(2M)^{2M}}{(2M)!} \cdot \frac{1}{2^m} \qquad (1.8)$$

となる．よって

$$\sum_{m \geq 0} \left|\frac{x^m}{m!}\right| = \sum_{m \leq 2M} \left|\frac{x^m}{m!}\right| + \sum_{m > 2M} \left|\frac{x^m}{m!}\right|$$

$$< \sum_{m \leq 2M} \left|\frac{x^m}{m!}\right| + \frac{(2M)^{2M}}{(2M)!} \sum_{m > 2M} \frac{1}{2^m} < \infty$$

だから $E(x)$ は絶対収束する．$C(x)$ については

$$\sum_{k \geq 0} \left|\frac{(-1)^k}{(2k)!}x^{2k}\right| \leq \sum_{m \geq 0} \left|\frac{x^m}{m!}\right|$$

で右辺が収束するから左辺も収束，言い換えれば $C(x)$ は絶対収束する．$S(x)$ についても同様．■

おいて欲しい．証明がわかりにくいのはここの e^x が絶対収束することと次節の指数関数の性質3の $e^{x+y} = e^x \cdot e^y$ の証明だけである．
[16] 1.11 節で詳しく論じる.
[17] 1.11 節で再び触れる.

$E(1) = e^1$ を単に e と表し，**ネイピアの数**と呼ぶことがある．その値は $2.71828\cdots$ となる無理数であり
$$\lim_{n\to\infty}\left(1+\frac{1}{n}\right)^n$$
に等しい．証明の代わりに数値計算でみておこう．

n	$\sum_{k=0}^{n}\dfrac{1}{k!}$	$\left(1+\dfrac{1}{n}\right)^n$
5	$2.71666\cdots$	$2.48832\cdots$
10	$2.71828\cdots$	$2.59374\cdots$

ちなみに $\left(1+\dfrac{1}{n}\right)^n$ は $n=7\times 10^5$ で $2.718279\cdots$, $n=8\times 10^5$ で $2.718280\cdots$ で，$\sum_{0\leqq k\leqq n}\dfrac{1}{k!}$ に比べ近似の精度は格段に悪い．

問題 1.8 [A]

1. 次の数列の和を求めよ．

    (1) $a_i = i$ のとき $S_n = \sum_{i=1}^{n} a_i = 1+2+\cdots+n$ を n の式で表せ．

    (2) $a_i = i^2$ のとき $S_n = \sum_{i=1}^{n} a_i = 1^2+2^2+\cdots+n^2$ を n の式で表せ．

    (3) $a_i = i^3$ のとき $S_n = \sum_{i=1}^{n} a_i = 1^3+2^3+\cdots+n^3$ を n の式で表せ．

2. 次の等比級数の初項から第 n 項までの和を求めよ．

    (1) $1+2+2^2+\cdots+2^{n-1}$

    (2) $2+\dfrac{4}{3}+\dfrac{8}{9}+\dfrac{16}{27}+\cdots+\dfrac{2^n}{3^{n-1}}$

3. 次の無限等比級数の収束，発散を調べ，収束すればその和を求めよ．

    (1) $1-\dfrac{\sqrt{2}}{2}+\dfrac{1}{2}-\cdots$ (2) $\sqrt{3}+3+3\sqrt{3}+\cdots$

    (3) $1-1+1-1+\cdots$

問題 1.8 [B]

1. 級数 $\sum a_n$ が収束するとき $\lim a_n = 0$ を示せ．

2. 級数 $\sum a_n, \sum b_n$ がそれぞれ A, B に収束するなら級数 $\sum(\alpha a_n + \beta b_n)$ は $\alpha A + \beta B$ に収束することを示せ.

1.9 指数関数と対数関数

前節で新しい形で導入した指数関数[18]

$$e^x = \sum_{n \geq 0} \frac{x^n}{n!} = 1 + \frac{x}{1!} + \frac{x^2}{2!} + \cdots + \frac{x^n}{n!} + \cdots \tag{1.9}$$

が全ての実数 x に対し (絶対) 収束することをみた. ここでは以下に述べるこの重要な関数の性質 3 をもとにして, 関数 e^x とその逆関数の性質を調べ, 実はそれらが高校で習った指数関数, 対数関数の厳密な定式化であることを以下の定理 1.23 で示す.

性質 1 (e の定義) e^1 を単に e と表すと

$$e^0 = 1, \; e = 1 + \frac{1}{1!} + \frac{1}{2!} + \cdots + \frac{1}{n!} + \cdots$$

証明:定義の式 (1.9) に $x = 0, x = 1$ を代入すればよい. ∎

性質 2 $\quad x \geq 0$ なら $e^x \geq 1$ である.

証明:定義 (1.9) から明らかである. ∎

性質 3 $\quad e^{x+y} = e^x \cdot e^y.$

証明:自然数 ℓ に対して以下のような計算を行う:ここで $\binom{n}{m} = \dfrac{n!}{m!(n-m)!}$ なる 2 項係数を使う.

$$\sum_{0 \leq n \leq 2\ell} \frac{(x+y)^n}{n!}$$
$$= \sum_{0 \leq n \leq 2\ell} \frac{1}{n!} \sum_{m=0}^{n} \binom{n}{m} x^m y^{n-m}$$
$$= \sum_{0 \leq n \leq 2\ell} \sum_{m=0}^{n} \frac{x^m}{m!} \frac{y^{n-m}}{(n-m)!}$$

---

[18] 本来なら前節の表記を使って $E(x)$ と書くべきであろうが, 高校で習った e^x は頭の片隅に置いておいて改めて (1.9) で定義したと思おう.

$$= \sum_{k,m \geqq 0, k+m \leqq 2\ell} \frac{x^m}{m!} \frac{y^k}{k!} \quad (n-m=k \text{ とおいた})$$

$$= \sum_{0 \leqq m \leqq \ell} \frac{x^m}{m!} \sum_{0 \leqq k \leqq \ell} \frac{y^k}{k!} + \left(\sum_{m>\ell, 0 \leqq k \leqq 2\ell-m} + \sum_{k>\ell, 0 \leqq m \leqq 2\ell-k} \right) \frac{x^m}{m!} \frac{y^k}{k!}$$

ここで最後の等号は和の範囲 $k, m \geqq 0, k+m \leqq 2\ell$ を

(i) $m > \ell$, $\quad 0 \leqq k \leqq 2\ell - m$ の場合,
(ii) $0 \leqq m \leqq \ell$, $\quad 0 \leqq k \leqq \ell, k+m \leqq 2\ell$ の場合,
(iii) $0 \leqq m \leqq \ell$, $\quad k > \ell, k+m \leqq 2\ell$ の場合

に分けた．上式の第1項が (ii), 2項が (i), 3項が (iii) の場合に対応している．さらに第1項は $\ell \to \infty$ のとき $e^x \cdot e^y$ に近づく．第2項については $|x| < M$ となる自然数 M をとり ℓ を $\ell > 2M$ と大きくとれば $m > \ell (> 2M)$ に対して不等式 (1.8) を使うと

$$\left| \sum_{m>\ell, 0 \leqq k \leqq 2\ell-m} \frac{x^m}{m!} \frac{y^k}{k!} \right| \leqq \sum_{m>\ell} \frac{|x|^m}{m!} \cdot \sum_{k \geqq 0} \frac{|y|^k}{k!}$$

$$< \frac{(2M)^{2M}}{(2M)!} \sum_{m>\ell} \frac{1}{2^m} \cdot e^{|y|}$$

$$= \frac{(2M)^{2M}}{(2M)!} \frac{1}{2^\ell} \cdot e^{|y|} \to 0 \quad (\ell \to \infty)$$

となる．第3項も k と m を入れ替えて同様に $\ell \to \infty$ のとき 0 に収束することがわかる．したがって

$$\sum_{0 \leqq n \leqq 2\ell} \frac{(x+y)^n}{n!} \to e^x \cdot e^y \quad (\ell \to \infty)$$

を得るが，定義から左辺の極限は e^{x+y} である． ∎

性質4 $\qquad\qquad\qquad e^{-x} = \dfrac{1}{e^x}, e^x > 0.$

証明：$1 = e^0 = e^{x-x} = e^x \cdot e^{-x}$ だから $e^{-x} = \dfrac{1}{e^x}$ である．$x \geqq 0$ なら $e^x \geqq 1 > 0$ であり，$x < 0$ なら $e^x = \dfrac{1}{e^{-x}} = \dfrac{1}{e^{|x|}} > 0$ である． ∎

性質 5 e^x は狭義増加関数である，すなわち
$$x < y \text{ なら } e^x < e^y \text{ である．}$$
特に $e^x = 1$ となるのは $x = 0$ に限る．

証明：$y - x > 0$ だから定義式 (1.9) から $e^{y-x} > 1$ となり，$e^x > 0$ より
$$e^y = e^{y-x} e^x > e^x$$
を得る．

性質 6 任意の自然数 m と $x > 0$ に対して
$$e^x > \frac{x^m}{m!}, \quad e^{-x} < \frac{m!}{x^m}$$
である．特に
$$\lim_{x \to \infty} \frac{e^x}{x^{m-1}} = \infty, \quad \lim_{x \to \infty} x^{m-1} e^{-x} = 0$$
となる．

証明：$x > 0$ のとき
$$e^x = \lim_{n \to \infty} \sum_{k=0}^{n} \frac{x^k}{k!} > \frac{x^m}{m!}$$
だから求める不等式，極限を得る．

ここで指数関数を特徴付ける定理を述べておこう．

定理 1.22 (e^x の微分) $\quad (e^x)' = e^x$
である，特に e^x は連続関数である．

証明：
$$\frac{e^{x+h} - e^x}{h} = e^x \cdot \frac{e^h - 1}{h}$$
だから
$$\frac{e^h - 1}{h} \to 1 \quad (h \to 0)$$
をいえばよい．

$$\frac{\sum_{n=0}^{m} \frac{h^n}{n!} - 1}{h} = \frac{1}{h} \sum_{n=1}^{m} \frac{h^n}{n!} = 1 + h \left(\frac{1}{2!} + \frac{h}{3!} + \cdots + \frac{h^{m-2}}{m!} \right)$$

だから $(h \to 0$ を考えるから$)|h| < 1$ としておくと，上式から

$$\left|\frac{\sum_{n=0}^{m}\frac{h^n}{n!}-1}{h}-1\right| < |h|\left(\frac{1}{2!}+\frac{1}{3!}+\cdots+\frac{1}{m!}\right) < |h|e$$

となり，$m \to \infty$ とすることにより $\left|\dfrac{e^h-1}{h}-1\right| \le |h|e$ が得られる．さらに $h \to 0$ として求める結果を得る． ∎

$\mathbb{R}$ 上の関数 $f(x)$ が常に $f'(x) = f(x)$ とすると，$g(x) = \dfrac{f(x)}{e^x}$ は定理 1.10' を用いて $g'(x) = \dfrac{f'(x)}{e^x} - \dfrac{f(x)(e^x)'}{(e^x)^2} = 0$ となる．したがって，定理 1.15 から $g(x)$ は定数 c となり，$f(x) = ce^x$ を得る．特に $f(0) = 1$ なら $f(x) = e^x$ である．直感的には $f(x) = a_0 + a_1 x + \cdots + a_n x^n + \cdots$ が $f(0) = 1$, $f'(x) = f(x)$ を満たすなら $f(0) = 1$ から $a_0 = 1$ であり，$f'(x)$ を各項毎に微分して x^n の項を比較すれば $(a_{n+1}x^{n+1})' = a_n x^n$ だから $a_{n+1} = \dfrac{a_n}{n+1}$ を得る．これを解けば $a_n = \dfrac{1}{n!}$ となって $f(x) = e^x$ に到達する．

さて e^x は微分可能な狭義増加関数 (性質 4) で，性質 6 において $m = 1$ とすれば $\lim_{x \to \infty} e^x = \infty$, $\lim_{x \to -\infty} e^x = 0$ だから中間値の定理から値は全ての正の実数をとることがわかる．この逆関数[19]を調べよう．それは正数全体を定義域，$\mathbb{R}$ を値域とする微分可能な狭義増加関数である．それが高校ですでに習った e を底とする**対数関数** $\log x$ となる．

その性質をみていこう．

性質 1 x を実数，y を正数とする．

$$y = e^x \quad \Leftrightarrow \quad x = \log y,$$
$$y = e^{\log y},$$
$$x = \log e^x,$$
$$a = e \quad \Leftrightarrow \quad \log a = 1.$$

---

[19] この関数も $\log x$ と書いてしまうが，(1.9) で定義された関数の逆関数のことである．実はそれがよく知っている対数関数と一致することは定理 1.23 でみる．

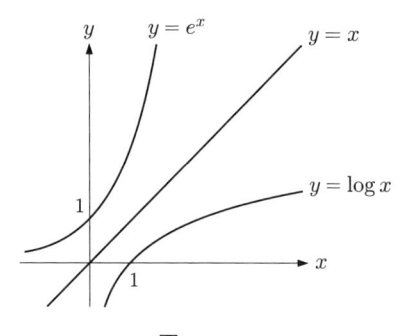

図 1.9.1

証明：1 行目は定義であり，2,3 行目は最初の式を相互に代入したものであり，4 行目は $e = e^1$ と 1 行目から従う． ∎

さて一般の**累乗**の定義をしよう．正数 $a > 0$ と実数 b に対して a の b 乗を
$$a^b = e^{b \log a} \tag{1.10}$$
で定義する．

以後 a, b, c は実数であり，特に $a > 0$ とする．

性質 2 ($\log x$, a^x の微分) x を正数, y を実数とする．
$$(\log x)' = \frac{1}{x} \qquad (a^y)' = (\log a)\, a^y$$
証明：等式 $x = e^{\log x}$ に合成関数の微分法を使って $1 = e^{\log x}(\log x)' = x(\log x)'$ である．よって $(\log x)' = \dfrac{1}{x}$ となる．また同様に $(a^y)' = (e^{y \log a})' = e^{y \log a} \cdot \log a = (\log a) a^y$ である． ∎

性質 3 $a > 0, b > 0$ とすると
$$\log(ab) = \log a + \log b,\ \log\left(\frac{a}{b}\right) = \log a - \log b.$$
証明：それぞれ $e^{\log(ab)} = ab = e^{\log a} e^{\log b} = e^{\log a + \log b}$, $e^{\log(\frac{a}{b})} = \dfrac{a}{b} = \dfrac{e^{\log a}}{e^{\log b}} = e^{\log a - \log b}$ であり関数 e^x は狭義増加関数だから求める式を得る． ∎

性質 4 $\qquad a^b = e^{b \log a} \Leftrightarrow \log a^b = b \log a.$

証明：$x = a^b$, $y = b\log a$ とおけば定義から $x = e^y$ であり，それは $\log x = y$ と同値である．

性質 5 $\qquad (a^b)^c = a^{bc}, (a^b)^{\frac{1}{b}} = a.$

証明：$(a^b)^c = e^{c\log(a^b)} = e^{cb\log a} = a^{bc}$ であり，$bc = 1$ にとれば $(a^b)^{\frac{1}{b}} = a$ である．

性質 6 $b = \dfrac{m}{n}$ (m：整数, n：自然数) のとき
$$a^b = (a^m)^{\frac{1}{n}}$$
である．ただし，右辺は通常の m 乗，n 乗根である．したがって b が有理数のとき (1.10) は通常の分数の巾と一致する．

証明：まず自然数 m に対し
$$a^m = e^{m\log a} = e^{\log a + \cdots + \log a} = e^{\log a} \cdots e^{\log a} = a \cdots a$$
$$a^0 = e^{0\log a} = e^0 = 1$$
$$a^{-m} = e^{-m\log a} = \frac{1}{e^{m\log a}} = \frac{1}{a^m}.$$
となって $n = 1$ のとき，すなわち b が整数のときは通常の整数の巾と一致する．一般の場合には $(a^m)^{\frac{1}{n}}$ は n 乗して a^m となる正数のことだから性質 5 によって $(a^b)^n = a^{bn} = a^m$ がわかり $a^b = (a^m)^{\frac{1}{n}}$ となる．

定理 1.23 定義 (1.9) から出発して定義した指数関数 e^x やその逆関数である対数関数, 累乗 a^x は高校で習ったものと一致する．

証明：関数 $y = a^x$ を考えると，性質 6 により x が有理数のときは (1.10) の定義は通常の有理数による累乗と一致し，また e^x は x について連続だから実数 x を有理数列 r_n で近似すれば a^x も a^{r_n} で近似される．また性質 2 によって $y = a^x$ の $x = 0$ における接線の傾きは $\log a$ だから傾きが 1 となるのは $a = e$ のときであり，最終的に定数 e や (1.10) の定義による関数 a^x の定義は馴染みのある定義と一致することがわかる．

性質 7 $\qquad a^{b+c} = a^b \cdot a^c.$

証明：$a^{b+c} = e^{(b+c)\log a} = e^{b\log a} \cdot e^{c\log a} = a^b \cdot a^c$ である．

また $a^x = y \ (a > 0, y > 0, x \in \mathbb{R})$ のとき $x \log a = \log y$ だから $a \neq 1$ とすると

$$x = \frac{\log y}{\log a}$$

となり，これを $\log_a y$ と表し正数 $a (\neq 1)$ を**底**とする**対数**という．特に $a = e$ のときは $\log_a = \log$ であり，**自然対数**と呼ぶ．また $a = 10$ のときは $\log_{10}$ を**常用対数**と呼ぶ．数学では単に対数といえば自然対数のことである．

$a^k \leqq x < a^{k+1}$ なら $k \log a \leqq \log x < (k+1) \log a$ となり，$a > 1, 0 < a < 1$ にしたがって $k \leqq \log_a x < k+1$, $k \geqq \log_a x > k+1$ となる．特に $a = 10$ とすると 10^k は $k+1$ 桁の自然数のうちで最小の数だから，自然数 x に対して $k \leqq \log_{10} x < k+1$ と x が $k+1$ 桁の自然数であることは同値である．

最後に指数関数と微分の応用として巾和 $1^m + 2^m + \cdots + (n-1)^m$ が等比級数の和の公式に帰着されることを見ておこう[20]．まず記号として，整数 $m \, (\geqq 1)$ に対し $\Delta_m(f(x)) = f^{(m)}(0)$ を導入すると性質

$$\Delta_m(f(x) + g(x)) = \Delta_m(f(x)) + \Delta_m(g(x)), \ \Delta_m(e^{ax}) = a^m$$

は明らかである．以下 $n \, (\geqq 2)$ は自然数とすると
$0^m + 1^m + 2^m + \cdots + (n-1)^m = \Delta_m(1 + e^x + e^{2x} + \cdots + e^{(n-1)x})$

(等比級数の和)
$$= \Delta_m \left(\frac{e^{nx} - 1}{e^x - 1} \right) \tag{1.11}$$

となる．ここで $\dfrac{e^{nx} - 1}{e^x - 1} = \dfrac{e^{nx} - 1}{x} \dfrac{x}{e^x - 1}$ と変形する．

$$\frac{e^{nx} - 1}{x} = \frac{1}{x} \sum_{k=1}^{\infty} \frac{(nx)^k}{k!} = \sum_{k=0}^{\infty} \frac{n^{k+1}}{(k+1)!} x^k$$

であり，さらに $\dfrac{x}{e^x - 1}$ を級数展開し

$$\frac{x}{e^x - 1} = \sum_{k=0}^{\infty} \frac{B_k}{k!} x^k$$

---

[20] 以下の議論で $x = 0$ における状況とか級数の項別微分の可能性などは級数論に譲り，お話として巾和が指数関数，微分，等比級数の和の公式で簡単な道筋で求まることを見てほしい．直感的議論を厳密に裏打ちすることは必要であるが面倒なことも多い．

と表す．これらの積を計算し m 回微分に $x=0$ を代入して (1.11) を続けると，
$$1^m + 2^m + \cdots + (n-1)^m = \sum_{k_1+k_2=m} \frac{n^{k_1+1}}{(k_1+1)!} \frac{B_{k_2}}{k_2!} m! = \sum_{k=0}^{m} \binom{m}{k} \frac{n^{m-k+1}}{m-k+1} B_k$$
を得る．なお，B_k はベルヌーイ数[21] と呼ばれ，多くの興味ある性質が知られていて関係式 $(e^x-1)\sum_{k=0}^{\infty} B_k \frac{x^k}{k!} = x$ の両辺の x^{k+1} の係数を比べて得られる
$$B_0 = 1, \quad \sum_{j=0}^{k} \binom{k+1}{j} B_j = 0 \quad (k \geq 1)$$
から帰納的に求めることができる．

問題 1.9 [A]

1. 次のグラフを描け．
   (1) $y = 2^x$
   (2) $y = \left(\frac{1}{2}\right)^x$
   (3) $y = \log_2 x$
   (4) $y = \log_{\frac{1}{2}} x$

2. 次を微分せよ．
   (1) e^{3x+4}
   (2) e^{x^2}
   (3) xe^x
   (4) $\log(x^2+1)$
   (5) $x \log x$
   (6) $\log(x+\sqrt{x^2+A})$

3. 以下のグラフを描け．
   (1) $y = \dfrac{x}{\log x} \ (x > 0)$
   (2) $y = \dfrac{e^x}{x} \ (x \neq 0)$
   (3) $y = x^x \ (x \geq 0,\ 0^0 = 1$ とする$)$

4. 次の不等式を証明せよ．
   (1) $x \geq \log(1+x) \ (x > -1)$
   (2) $\log(x+1) \geq x - x^2 \ \left(x \geq -\dfrac{1}{2}\right)$
   (3) $1 + x(e-1) \geq e^x \ (0 \leq x \leq 1)$

---

[21] この数に関しては江戸時代の数学者関孝和よる発見 (死後の 1712 年に出版された『括要算法』に記述) とヤコブ・ベルヌーイよる発見 (死後の 1713 年に出版された著書『Ars Conjectandi (推測術)』に記載) が知られている．

問題 1.9 [B]

1. 自然数 n に対して以下を示せ．$(\log x)^n$ を $\log^n x$ と書く．
   (1) $\displaystyle\lim_{x\to\infty}\frac{x}{\log^n x}=\lim_{y\to\infty}\frac{e^y}{y^n}=\infty$
   (2) $\displaystyle\lim_{x>0,x\to 0}x\log^n x=\lim_{y\to\infty}(-y)^n e^{-y}=0$

2. 以下を示せ．
   (1) 「$y=\log\left(1+\dfrac{1}{x}\right)\Leftrightarrow x=\dfrac{1}{e^y-1}$」であり，このとき
   「$|x|\to\infty\Leftrightarrow y\to 0$」
   (2) $\displaystyle\lim_{|x|\to\infty}\frac{1}{x\log\left(1+\frac{1}{x}\right)}=\lim_{y\to 0}\frac{e^y-1}{y}=(e^y)'|_{y=0}=1$
   (3) $\displaystyle\lim_{|x|\to\infty}\left(1+\frac{1}{x}\right)^x=\lim_{|x|\to\infty}e^{x\log(1+\frac{1}{x})}=e$

3. 以下を示せ．
   (1) $B_1=-\dfrac{1}{2},\ B_2=\dfrac{1}{6},\ B_3=0,\ B_4=-\dfrac{1}{30}$.
   (2)
   $$1^1+2^1+\ldots+(n-1)^1=\frac{n^2}{2}-\frac{n}{2},$$
   $$1^2+2^2+\ldots+(n-1)^2=\frac{n^3}{3}-\frac{n^2}{2}+\frac{n}{6},$$
   $$1^3+2^3+\ldots+(n-1)^3=\frac{n^4}{4}-\frac{n^3}{2}+\frac{n^2}{4}$$
   を示し $n=2,3,4$ について正しいことを確かめよ．
   (3) $\dfrac{x}{e^x-1}+\dfrac{x}{2}$ が偶関数であることを示し，3 以上の奇数 k に対し $B_k=0$ を示せ．

1.10 三角関数と逆三角関数

今後，角度を表すのに度ではなく，角に対する半径 1 の円の弧の長さラジアンを使う．したがって

$$360°=2\pi,\ 180°=\pi,\ 90°=\frac{\pi}{2},\ 60°=\frac{\pi}{3},\ 45°=\frac{\pi}{4}$$

となる．よって，半径 1 の円の中心角 θ ($0 \leqq \theta \leqq 2\pi$) に対する円周の長さは θ であり，この扇形の面積は $\pi \cdot \dfrac{\theta}{2\pi} = \dfrac{\theta}{2}$ となる．

また，原点を中心とする半径 1 の単位円を考え，点 A(1,0) との中心角が θ である円周上の点 P と，さらに反時計回りに円周を 1 回転した円周角 $\theta + 2\pi$ に対応する点とは平面上で同じ点 P を表している．より一般的に n を整数としたとき，中心角 $\theta + 2n\pi$ に対応する平面上の点はすべて同じである．たとえば，点 P が点 A から反時計回りに円周上を 1 周しさらに点 (0,1) まで動くとき，点 P と点 A のなす中心角は見かけ上 0 から 2π まで動き，再び 0 から $\dfrac{\pi}{2}$ と動くが連続的な動きには連続的な量を対応させるのが自然で，中心角は 0 から $2\pi + \dfrac{\pi}{2}$ まで変化したと考える．

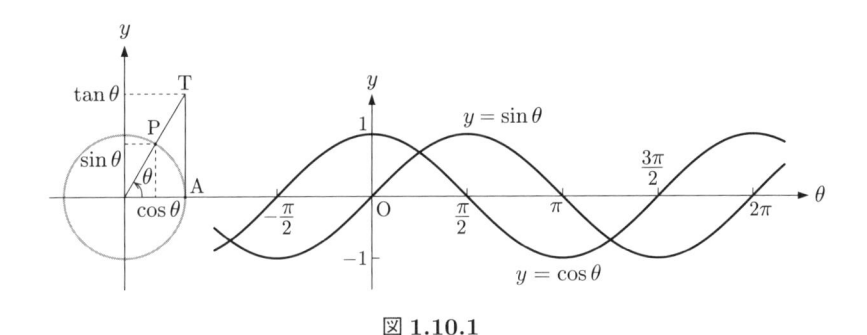

図 1.10.1

三角関数 sin, cos, tan は次のように定義する[22]．実数 θ に対し θ を $\theta = \theta_0 + 2n\pi$ ($0 \leqq \theta_0 < 2\pi$, n は整数) と表すと，点 A(1,0) との中心角 θ と θ_0 に対応する単位円周上の点 P [23]は同じであり，点 P の x 座標を $\cos\theta$，y 座標を $\sin\theta$ で表す．したがって，

$$\cos 0 = 1,\ \sin 0 = 0,\ \cos\frac{\pi}{4} = \sin\frac{\pi}{4} = \frac{1}{\sqrt{2}}$$

---

[22] 三角関数は，直角三角形の斜辺の長さ分の高さとか斜辺の長さ分の底辺の長さといった簡単な関数であるが，現代社会を陰で支える重要な関数である．古くはエラトステネス (紀元前 274-194) が測量と三角関数を使って地球の半径を約 6100 km と求めている (現在知られているのは約 6360 km)．

[23] 点 P は角 θ が正のときは A から反時計回りに角 θ だけ回転した点であり，$\theta < 0$ のときは時計回りに $|\theta|$ だけ回転した点とする．

$$\cos\frac{\pi}{2} = 0,\ \sin\frac{\pi}{2} = 1,\ \cos\pi = -1,\ \sin\pi = 0$$

であり，性質

$$\sin^2\theta + \cos^2\theta = 1,$$

$$\sin(\theta \pm 2\pi) = \sin\theta, \quad \cos(\theta \pm 2\pi) = \cos\theta$$

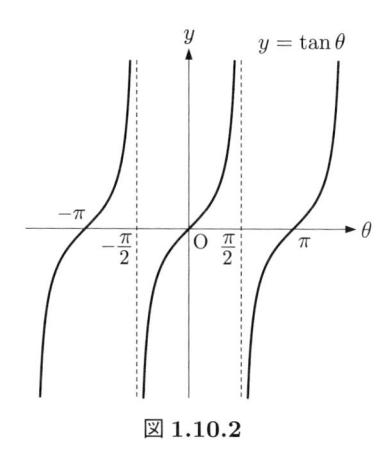

を満たす．また

$$\tan\theta = \frac{\sin\theta}{\cos\theta}$$

図 1.10.2

とおく．$\tan\theta$ は $\cos\theta = 0$, すなわち $\theta = \dfrac{\pi}{2} + 2n\pi, \dfrac{3}{2}\pi + 2n\pi$ (n は整数) のときは定義されないが，$-\dfrac{\pi}{2} < \theta < \dfrac{\pi}{2}$ ですべての実数をとる関数である．

$$\cos(-\theta) = \cos\theta, \quad \sin(-\theta) = -\sin\theta$$

であり，また加法定理と呼ばれる重要な公式として

$$\sin(x+y) = \sin x \cos y + \cos x \sin y,$$

$$\cos(x+y) = \cos x \cos y - \sin x \sin y,$$

$$\tan(x+y) = \frac{\tan x + \tan y}{1 - \tan x \tan y}$$

がある．

定理 1.24 ($\sin x$, $\cos x$ の微分)
$$(\sin x)' = \cos x, \quad (\cos x)' = -\sin x$$
である．

証明：$(\sin x)' = \cos x$ を示す．まず以下の変形を行う．

$$\frac{\sin(x+h) - \sin x}{h}$$
$$= \frac{1}{h}\left\{\sin\left(x + \frac{h}{2} + \frac{h}{2}\right) - \sin\left(x + \frac{h}{2} - \frac{h}{2}\right)\right\}$$
$$= \frac{1}{h}\left\{\sin\left(x + \frac{h}{2}\right)\cos\frac{h}{2} + \cos\left(x + \frac{h}{2}\right)\sin\frac{h}{2}\right.$$
$$\left. - \sin\left(x + \frac{h}{2}\right)\cos\left(-\frac{h}{2}\right) - \cos\left(x + \frac{h}{2}\right)\sin\left(-\frac{h}{2}\right)\right\}$$
$$= \frac{2}{h}\cos\left(x + \frac{h}{2}\right)\sin\frac{h}{2}$$
$$= \cos\left(x + \frac{h}{2}\right) \cdot \frac{\sin\left(\frac{h}{2}\right)}{\frac{h}{2}}$$

ここで $\cos\left(x + \frac{h}{2}\right) \to \cos x \ (h \to 0)$ だから $\frac{\sin\theta}{\theta} \to 1 \ \left(\theta = \frac{h}{2} \to 0\right)$ をいえばよい．また $\sin(-\theta) = -\sin\theta$ だから $\theta > 0$ のときを考えればよい．

$0 < \theta < \frac{\pi}{2}$ のとき △ABO の面積 < 扇形 OAB の面積 < △TAO の面積 だ

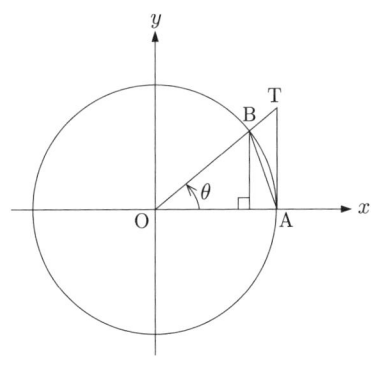

図 1.10.3

から
$$\frac{1}{2}\sin\theta < \frac{\theta}{2} < \frac{1}{2}\tan\theta$$
となり
$$\cos\theta < \frac{\sin\theta}{\theta} < 1$$
を得るから $\theta \to 0$ とすると $\cos\theta \to 1$ によって $\frac{\sin\theta}{\theta} \to 1\,(\theta \to 0)$ が得られる．これらをあわせて $(\sin x)' = \cos x$ が得られた．

また $\cos x = \sin\left(x + \frac{\pi}{2}\right)$ だから合成関数の微分として
$$(\cos x)' = \left(\sin\left(x + \frac{\pi}{2}\right)\right)' = \cos\left(x + \frac{\pi}{2}\right) = -\sin x$$
が得られる．

定理 1.25 ($\tan x$ の微分)
$$(\tan x)' = \frac{1}{\cos^2 x} = 1 + \tan^2 x.$$

証明：以下のように計算すればよい．
$$\begin{aligned}(\tan x)' &= \left(\sin x \cdot \frac{1}{\cos x}\right)' = (\sin x)' \cdot \frac{1}{\cos x} + \sin x \cdot \left(\frac{1}{\cos x}\right)' \\ &= \cos x \cdot \frac{1}{\cos x} + \sin x \left(-\frac{1}{\cos^2 x}\right)(-\sin x) \\ &= 1 + \frac{\sin^2 x}{\cos^2 x} = 1 + \tan^2 x = \frac{1}{\cos^2 x}.\end{aligned}$$

さて三角関数の逆関数を定義しよう．
$-\frac{\pi}{2} \leqq x \leqq \frac{\pi}{2}$ で $y = \sin x$ は狭義単調増加関数であるから逆関数が存在する．それを $\sin^{-1}$ で表す[24]．すなわち
$$y = \sin x \Leftrightarrow x = \sin^{-1} y \quad \left(-\frac{\pi}{2} \leqq x \leqq \frac{\pi}{2},\ -1 \leqq y \leqq 1\right)$$

---

[24] $\frac{1}{\sin y}$ との混同を避けるために記号 $\arcsin y$ を使うことも多い．この教科書では $\frac{1}{\sin y}$ に対して $\sin^{-1} y$ を使うことはない．

この x の範囲で $\cos x \geqq 0$ だから $\cos x = \sqrt{1 - \sin^2 x} = \sqrt{1 - y^2}$ となり，逆関数の微分の公式定理 1.19 によって $y' \neq 0$ なら

$$(\sin^{-1} y)' = \frac{1}{y'} = \frac{1}{\cos x} = \frac{1}{\sqrt{1 - y^2}}$$

である．$x = \sin^{-1}(\sin x)$ を微分して，

$$1 = (\sin^{-1} y)'|_{y=\sin x} \cos x = (\sin^{-1} y)'|_{y=\sin x} \sqrt{1 - \sin^2 x}$$

となり，これに $y = \sin x$ を代入してもよい．

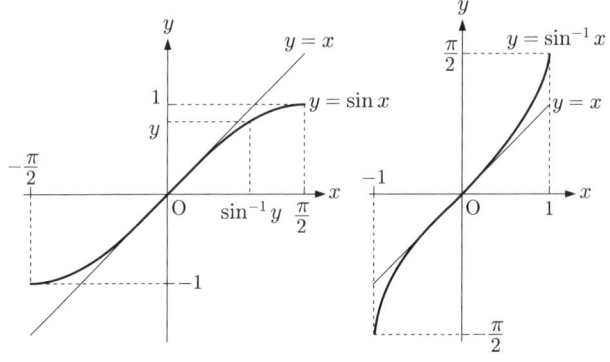

図 1.10.4

ここで注意しなければいけないのは例 1.13 の 1 で触れたように，$\sin x$ は区間 $\left[\dfrac{\pi}{2}, \dfrac{3}{2}\pi\right]$ で狭義単調減少関数だからここでも逆関数を定義できる．しかしこのときの逆関数を $x = g(y)$ と表すと関数 g の値域は区間 $\left[\dfrac{\pi}{2}, \dfrac{3}{2}\pi\right]$ であり $\sin^{-1}$ とは異なる．実際，$g(y) = \pi - \sin^{-1} y$ となることが確かめられる．逆関数 $\sin^{-1}$ は普通は上のように $-\dfrac{\pi}{2} \leqq x \leqq \dfrac{\pi}{2}$ で考える．

次に，$y = \cos x$ は区間 $[0, \pi]$ で狭義単調減少だから逆関数 $\cos^{-1}$ が定義できて

$$y = \cos x \Leftrightarrow x = \cos^{-1} y \quad (0 \leqq x \leqq \pi, \ -1 \leqq y \leqq 1)$$

であり，$x \in [0, \pi]$ で $\sin x \geqq 0$ だから $\sin x = \sqrt{1 - \cos^2 x} = \sqrt{1 - y^2}$ であ

り，$y' \neq 0$ なら
$$(\cos^{-1} y)' = \frac{1}{y'} = \frac{1}{-\sin x} = -\frac{1}{\sqrt{1-y^2}}$$
である．

最後に $y = \tan x$ は $x \in \left(-\dfrac{\pi}{2}, \dfrac{\pi}{2}\right)$ で狭義単調増加だから逆関数 $\tan^{-1}$ が定義できて
$$y = \tan x \Leftrightarrow x = \tan^{-1} y \quad \left(-\frac{\pi}{2} < x < \frac{\pi}{2},\ -\infty < y < \infty\right)$$
であり，$y' = \dfrac{1}{\cos^2 x} \neq 0$ だから
$$(\tan^{-1} y)' = \frac{1}{y'} = \frac{1}{1+y^2}.$$

逆関数 $y = \cos^{-1} x$, $y = \tan^{-1} x$ のグラフは図 1.10.5 や図 1.10.6 のようになる．

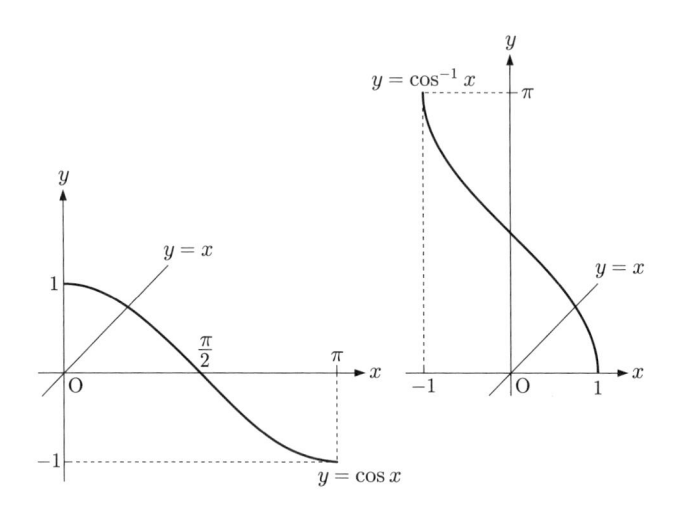

図 1.10.5

逆三角関数の微分の公式を y の代わりに x としてまとめておく．

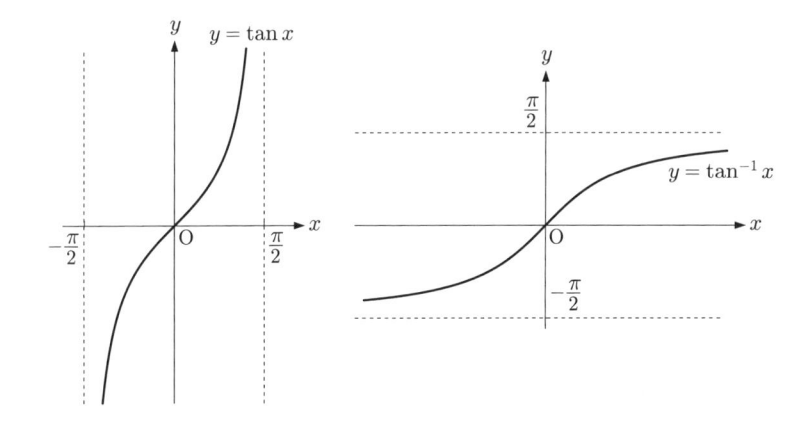

図 1.10.6

定理 1.26 (逆三角関数の微分)

$$(\sin^{-1}x)' = \frac{1}{\sqrt{1-x^2}} \quad (|x| < 1),$$

$$(\cos^{-1}x)' = \frac{-1}{\sqrt{1-x^2}} \quad (|x| < 1),$$

$$(\tan^{-1}x)' = \frac{1}{1+x^2} \quad (-\infty < x < \infty).$$

例 1.22 $\sin^{-1}(3x^2)$ の微分は $y = \sin^{-1}x$ と $y = 3x^2$ の合成関数とみて

$$(\sin^{-1}(3x^2))' = (\sin^{-1}y)'|_{y=3x^2} \cdot y' = \frac{1}{\sqrt{1-9x^4}}(6x).$$

ときどき使われる記号として

$$\cot x = \frac{1}{\tan x}, \quad \operatorname{cosec} x = \frac{1}{\sin x}, \quad \sec x = \frac{1}{\cos x}$$

があるので頭の片隅に入れておくとよい．

問題 1.10 [A]
1. 加法定理を用いて次を証明せよ．
    (1) $\cos 2x = \cos^2 x - \sin^2 x$
    (2) $\sin 2x = 2\sin x \cos x$
    (3) $\cos^2 x = \dfrac{1 + \cos 2x}{2}$
    (4) $\sin^2 x = \dfrac{1 - \cos 2x}{2}$

(5) $2\sin x \cos y = \sin(x+y) + \sin(x-y)$

(6) $2\cos x \cos y = \cos(x+y) + \cos(x-y)$

(7) $2\sin x \sin y = \cos(x-y) - \cos(x+y)$

2. 次のグラフを描け．
   (1) $y = \sin(2x)$
   (2) $y = \cos\left(x + \dfrac{\pi}{2}\right)$
   (3) $y = \sin x + \cos(2x)$

3. 次の値を求めよ．
   (1) $\sin^{-1}\left(\dfrac{1}{2}\right)$
   (2) $\sin^{-1}\left(-\dfrac{1}{2}\right)$
   (3) $\sin^{-1} 1$
   (4) $\cos^{-1} 0$
   (5) $\cos^{-1} 1$
   (6) $\cos^{-1}\left(\dfrac{1}{\sqrt{2}}\right)$
   (7) $\tan^{-1}\left(\dfrac{1}{\sqrt{3}}\right)$
   (8) $\tan^{-1}(-1)$
   (9) $\tan^{-1}(\infty)$

4. 次の関数を微分せよ．
   (1) $\cos(4x)$
   (2) $x\sin x$
   (3) $\sin x \cos x$
   (4) $\cos(\sin(x))$
   (5) $\dfrac{1}{\sin x}$
   (6) $\dfrac{1}{\tan x}$

5. 次の関数を微分せよ．
   (1) $\tan^{-1}\dfrac{x-1}{x+1}$
   (2) $\sin^{-1}(e^{-x^2})$
   (3) $\tan^{-1}(e^x + e^{-x})$

6. 次の値を求めよ．
   (1) $\displaystyle\lim_{x\to 0}\dfrac{\sin x}{\sin 2x}$
   (2) $\displaystyle\lim_{x\to 0}\dfrac{\tan x}{x}$
   (3) $\displaystyle\lim_{x\to 0}\dfrac{x}{\sin^{-1} x}$

問題 1.10 [B]

1. $\tan$ の加法定理を用いて次のオイラー[25]の公式を示せ．
$$\tan^{-1} a + \tan^{-1} b = \tan^{-1}\dfrac{a+b}{1-ab} + n\pi \quad (n = 0, \pm 1)$$

2. 次のマチンの公式[26]を示せ．
$$4\tan^{-1}\dfrac{1}{5} - \tan^{-1}\dfrac{1}{239} = \dfrac{\pi}{4}$$

---

[25] Euler(1708-1783). 記号 $e, i, \sum$ を導入した．
[26] Machin(1680-1752) が 1706 年に発表した．

1.11 巾級数展開

関数としてもっとも扱いやすいのが多項式である．この節では n 回微分可能な関数は n 次の多項式に近いことを示し，応用として関数 $\sin, \cos$ が e^x と同じように無限次の多項式ともいうべき，巾級数展開ができることを示そう．次の定理は $n=1$ のときは平均値の定理そのもので，その拡張である．

定理 1.27 関数 $f(x)$ が区間 (A, B) で連続であり，かつ n 回微分可能で $A < a, b < B$ ならば

$$f(b) = f(a) + f'(a)(b-a) + \frac{f''(a)}{2!}(b-a)^2 + \cdots$$
$$+ \frac{f^{(n-1)}(a)}{(n-1)!}(b-a)^{n-1} + \frac{f^{(n)}(c)}{n!}(b-a)^n \qquad (1.12)$$

となる c が a と b の間にある．

証明：わかりやすいように $n=3$ としよう．まず $a=b$ なら明らかだから $a \neq b$ とする．定数 α に対して

$$\varphi(x) = f(b) - f(x) - f'(x)(b-x) - \frac{f^{(2)}(x)}{2!}(b-x)^2 - \alpha(b-x)^3$$

と定める．$\varphi(b) = 0$ は明らかである．さらに定数 α は $\varphi(a) = 0$ となるようにとっておく．すなわち

$$\alpha = \frac{1}{(b-a)^3}\left\{f(b) - f(a) - f'(a)(b-a) - \frac{f''(a)}{2!}(b-a)^2\right\}$$

とする．このとき (1.12) と $\alpha = \dfrac{f^{(3)}(c)}{3!}$ は同値である．$f(x)$ が 3 回微分可能だから $\varphi(x)$ は微分可能で，$\varphi(a) = \varphi(b) = 0$ だから平均値の定理から $\varphi'(c) = 0$ となる c が a と b の間にある $(a < c < b$ または $b < c < a)$．これが求めるものであることをみよう．φ を各項ごとに順に微分していくと

$$\varphi'(x) = 0$$
$$-\cancel{f'(x)}$$
$$-f''(x)(b-x) + \cancel{f'(x)}$$
$$-\frac{f^{(3)}(x)}{2!}(b-x)^2 + \cancel{\frac{f^{(2)}(x)}{1!}(b-x)}$$
$$+ 3\alpha(b-x)^2$$
$$= -\frac{f^{(3)}(x)}{2!}(b-x)^2 + 3\alpha(b-x)^2$$

となり

$$0 = \varphi'(c) = -\frac{f^{(3)}(c)}{2!}(b-c)^2 + 3\alpha(b-c)^2$$

すなわち

$$\alpha = \frac{f^{(3)}(c)}{3!}$$

を得る． ∎

系 1.1 関数 $f(x)$ は a を中心とする開区間 $(a-C, a+C)$ $(C > 0)$ で n 回微分可能とする．このとき $x \in (a-C, a+C)$ に対し

$$f(x) = f(a) + f'(a)(x-a) + \frac{f''(a)}{2!}(x-a)^2 + \cdots$$
$$+ \frac{f^{(n-1)}(a)}{(n-1)!}(x-a)^{n-1} + \frac{f^{(n)}(c)}{n!}(x-a)^n \quad (1.13)$$

となる c が x と a の間にある．

証明：定理において $A = a - C$, $B = a + C$, $b = x$ とおけばよい． ∎

もし系 1.1 において

$$\frac{f^{(n)}(c)}{n!}(x-a)^n \to 0 \quad (n \to \infty)$$

なら
$$f(a) + f'(a)(x-a) + \frac{f''(a)}{2!}(x-a)^2 + \cdots + \frac{f^{(n-1)}(a)}{(n-1)!}(x-a)^{n-1} \to f(x)$$
となり，無限和の定義から
$$f(x) = f(a) + f'(a)(x-a) + \frac{f''(a)}{2!}(x-a)^2 + \cdots + \frac{f^{(n)}(a)}{n!}(x-a)^n + \cdots$$
となる．これを $f(x)$ の $x=a$ での**巾級数展開**（または**整級数展開**あるいは**テイラー展開**，特に $a=0$ のときには**マクローリン展開**）という．また (1.13) 自身をテイラー展開，マクローリン展開ということもあり，$\dfrac{f^{(n)}(c)}{n!}(x-a)^n$ を誤差項という．

いま $f'(a) = 0$ としてみよう．このとき $n \geqq 3$ なら (1.13) は
$$f(x) - f(a)$$
$$= (x-a)^2 \left\{ \frac{f''(a)}{2!} + \cdots + \frac{f^{(n-1)}(a)}{(n-1)!}(x-a)^{n-3} + \frac{f^{(n)}(c)}{n!}(x-a)^{n-2} \right\}$$
となり，x が十分 a に近ければ { } の中は $\dfrac{f''(a)}{2!}$ に十分近いから $f''(a) > 0$ なら $f(x) \geqq f(a)$，すなわち $f(x)$ は $x=a$ で極小となる．同様に $f''(a) < 0$ のときは極大となる．同様に $f^{(k)}(a) = 0$ $(1 \leqq k < m)$ かつ $f^{(m)}(a) \neq 0$ のとき m が奇数なら $f(x)$ は $x=a$ で極大でも極小でもなく，m が偶数なら $f^{(m)}$ の正負にしたがって極小，極大となる．

例 1.23 1. m 次の多項式 $f(x)$ を $x=a$ で展開してみよう．それには $y = x-a$ とおき，$f(x) = f(y+a)$ を y について展開した後で，y に $x-a$ を代入すればよい．たとえば $f(x) = \alpha x^2 + \beta x + \gamma$ とすると，$f(a) = \alpha a^2 + \beta a + \gamma$, $f'(a) = 2\alpha a + \beta$, $f''(a) = 2\alpha$ なので
$$f(x) = f(y+a) = \alpha(y+a)^2 + \beta(y+a) + \gamma$$
$$= \alpha y^2 + (2a\alpha + \beta)y + \alpha a^2 + \beta a + \gamma$$
$$= \alpha(x-a)^2 + (2a\alpha + \beta)(x-a) + \alpha a^2 + \beta a + \gamma$$
$$= \frac{f''(a)}{2!}(x-a)^2 + f'(a)(x-a) + f(a)$$

となっている．この式は放物線 $y = f(x)$ と $x = a$ での接線 $y = f'(a)(x-a) + f(a)$ との差が $\dfrac{f''(a)}{2}(x-a)^2$ であることを示しており，x が a の十分近く，たとえば $|x-a| < 0.001$ なら放物線と接線の差が $\dfrac{f''(a)}{2} \times 0.00001$ で抑えられることを示している．

2. 関数 $\sin x$ を調べてみよう[27]．$\sin' x = \cos x$, $\sin'' x = \cos' x = -\sin x$ だから帰納的に

$$\sin^{(2m)} x = (-1)^m \sin x, \quad \sin^{(2m+1)} x = (-1)^m \cos x$$

がわかり $\sin^{(2m)}(0) = 0$, $\sin^{(2m+1)}(0) = (-1)^m$ を得る．したがって (1.13) において $f(x) = \sin x$, $a = 0$ とすると一般項は

$$\frac{f^{(k)}(0)}{k!}x^k = \begin{cases} \dfrac{(-1)^m}{(2m+1)!}x^{2m+1} & (k = 2m+1), \\ 0 & (k = 2m) \end{cases}$$

であり，最後の誤差項については $|\sin x| \leq 1$, $|\cos x| \leq 1$ だから

$$\left| \frac{f^{(n)}(c)}{n!}x^n \right| \leq \frac{|x|^n}{n!}$$

である．特に $n = 3, 5, 2m+3$ として

$$\sin x = x - \frac{\cos c_1}{3!}x^3, \quad \sin x = x - \frac{1}{3!}x^3 + \frac{\cos c_2}{5!}x^5,$$

$$\left| \sin x - \sum_{k=0}^{m} \frac{(-1)^k}{(2k+1)!}x^{2k+1} \right| \leq \frac{x^{2m+3}}{(2m+3)!} \quad (1.14)$$

となる c_1, c_2 が x と 0 の間にある．

これがどれくらい近似がよいかというと，$\sin x = \sin(x \pm 2\pi)$ だから $-\pi \leq x \leq \pi$ としてよく，$|x| \leq \pi$ なら上のように誤差項は $\dfrac{\pi^{2m+3}}{(2m+3)!}$ で抑えられ，その具体的な値は $m = 5$ なら $0.00046\cdots$, $m = 9$ なら $0.0000000053\cdots$ である．さらに符合を除けば $\sin$ の値は $0 \leq x \leq \dfrac{\pi}{2}$ で決まるからその範囲では誤差項は $\dfrac{(\frac{\pi}{2})^{2m+3}}{(2m+3)!}$ で抑えられ，その値は

---

[27] $\sin x$ の k 回微分を $\sin^{(k)} x$ とかく．特に，1,2 回微分は $\sin' x$, $\sin'' x$ である．$\cos$ についても同様．

$m=5$ ですでに $0.000000056\cdots$ である．$(1.13), (1.14)$ が関数電卓による近似計算の基礎である．

3. 問題 1.9[B]2. をとりあげよう．$f(x) = \log(1-x)$ $(|x| < 1)$ とすると，
$$f'(x) = (x-1)^{-1}, \quad f''(x) = -(x-1)^{-2}$$
だから，上の系で $n=2, a=0$ として
$$\log(1-x) = f(0) + f'(0)x + \frac{f''(c)}{2!}x^2$$
$$= -x - \frac{(c-1)^{-2}}{2}x^2$$
となる．ただし，c は 0 と x の間にある数である．これを使うと $|y| > 1$ のとき $y = -\dfrac{1}{x}$ とおくと $|y| \to \infty$ と $x \to 0$ は同値で，
$$y \log\left(1 + \frac{1}{y}\right) = -\frac{1}{x} \log(1-x)$$
$$= -\frac{1}{x}\left\{-x - \frac{(c-1)^{-2}}{2}x^2\right\}$$
$$= 1 + \frac{(c-1)^{-2}}{2}x$$
となり，このとき c は 0 と x の間にあることに注意すれば $c \to 0$ $(x \to 0)$ だから $y \log\left(1 + \dfrac{1}{y}\right) \to 1$ $(|y| \to \infty)$ となる．したがって
$$\lim_{|y| \to \infty} y \log\left(1 + \frac{1}{y}\right) = 1, \quad \lim_{|y| \to \infty}\left(1 + \frac{1}{y}\right)^y = \lim_{|y| \to \infty} e^{y \log(1 + \frac{1}{y})} = e$$
を得る．

系 1.1 の基本的な応用として

系 1.2 ($\sin x$, $\cos x$ の巾級数展開)
$$\sin x = x - \frac{x^3}{3!} + \frac{x^5}{5!} - \cdots + \frac{(-1)^k}{(2k+1)!}x^{2k+1} + \cdots = \sum_{k=0}^{\infty} \frac{(-1)^k}{(2k+1)!}x^{2k+1}$$
$$\cos x = 1 - \frac{x^2}{2!} + \frac{x^4}{4!} - \cdots + \frac{(-1)^k}{(2k)!}x^{2k} + \cdots = \sum_{k=0}^{\infty} \frac{(-1)^k}{(2k)!}x^{2k}$$

証明：$\sin x$ については (1.14),(1.8) から
$$\left|\sin x - \sum_{k=0}^{m} \frac{(-1)^k}{(2k+1)!} x^{2k+1}\right| \leq \frac{x^{2m+3}}{(2m+3)!} \to 0 \quad (m \to \infty)$$
となって
$$\sin x = \lim_{n \to \infty} \left(x - \frac{x^3}{3!} + \frac{x^5}{5!} + \cdots \frac{(-1)^m}{(2m+1)!} x^{2m+1}\right)$$
すなわち $\sin x$ の巾級数展開が得られる．

$\cos x$ についても同様に $\cos^{(2n)}(0) = (-1)^n$, $\cos^{(2n+1)}(0) = 0$ から
$$\cos x = 1 - \frac{x^2}{2!} + \frac{x^4}{4!} + \cdots + \frac{(-1)^m}{(2m)!} x^{2m} + \frac{\cos^{(2m+2)}(c)}{(2m+2)!} x^{2m+2}$$
が得られ，誤差項 $\to 0$ $(m \to \infty)$ だから $\cos x$ の巾級数展開が得られる． ■

これらの巾級数展開からも $\sin(-x) = -\sin x$, $\cos(-x) = \cos x$ がわかる．また形式的に各項ごとに微分してみれば，$(\sin x)' = \cos x$, $(\cos x)' = -\sin x$ となっている．

いままで複素数の関数は扱ってこなかったが，複素数 z に対しても実数のときと同様に
$$e^z = \sum_{n=0}^{\infty} \frac{z^n}{n!}$$
とおくと
$$e^{ix} = \sum_{n=0}^{\infty} \frac{(ix)^n}{n!} = \sum_{k=0}^{\infty} \frac{(-1)^k x^{2k}}{(2k)!} + i \sum_{k=0}^{\infty} \frac{(-1)^k x^{2k+1}}{(2k+1)!} = \cos x + i \sin x$$
という大事な**オイラーの公式**が得られる．

また，実数のときと同様に複素数 z_1, z_2 に対しても
$$e^{z_1 + z_2} = e^{z_1} \cdot e^{z_2}$$
が成り立ち，特に $z_1 = ix$, $z_2 = iy$ として $e^{i(x+y)} = e^{ix} \cdot e^{iy}$ の実部，虚部を比較すれば $\cos, \sin$ の加法定理が得られる．また，$e^{i(nx)} = (e^{ix})^n$ $(n = 2, 3)$

の実部, 虚部を比べて $\cos, \sin$ の 2 倍角, 3 倍角の公式が得られる.

$$\cos x = \frac{e^{ix} + e^{-ix}}{2}, \quad \sin x = \frac{e^{ix} - e^{-ix}}{2i}$$

も有用である.

系 1.3 (ロピタルの定理) 関数 $f(x), g(x)$ は区間 $(a - A, a + A)$ $(A > 0)$ で何度でも微分できるとする.

$$f(a) = f'(a) = \cdots = f^{(k-1)}(a) = 0, f^{(k)}(a) \neq 0 \quad (k \geqq 1),$$

$$g(a) = g'(a) = \cdots = g^{(\ell-1)}(a) = 0, g^{(\ell)}(a) \neq 0 \quad (\ell \geqq 1)$$

とすると

$$\lim_{x \to a} \frac{f(x)}{g(x)} = \begin{cases} 0 & (k > \ell), \\ \dfrac{f^{(\ell)}(a)}{g^{(\ell)}(a)} & (k = \ell), \\ 発散 & (k < \ell). \end{cases}$$

証明：系 1.1 において $n \geqq \max(k, \ell)$ にとると

$$f(x) = \frac{f^{(k)}(a)}{k!}(x-a)^k + \cdots + \frac{f^{(n-1)}(a)}{(n-1)!}(x-a)^{n-1} + \frac{f^{(n)}(c_1)}{n!}(x-a)^n$$

と表せ, 関数 f は何度でも微分できるから $f^{(n)}$ は連続関数であり, c_1 は a と x の間にあるから $\lim_{x \to a} f^{(n)}(c_1) = f^{(n)}(a)$ となることに注意して

$$\lim_{x \to a} \frac{f(x)}{(x-a)^k} = \frac{f^{(k)}(a)}{k!} \, (\neq 0)$$

を得る. 同様にして

$$\lim_{x \to a} \frac{g(x)}{(x-a)^\ell} = \frac{g^{(\ell)}(a)}{\ell!} \, (\neq 0)$$

となる. したがって, $f(x) = (x-a)^k \cdot \dfrac{f(x)}{(x-a)^k}$, $g(x) = (x-a)^\ell \cdot \dfrac{g(x)}{(x-a)^\ell}$ だから

$$\frac{f(x)}{g(x)} = \frac{(x-a)^k \times \{x \to a \text{ のとき } \frac{f^{(k)}(a)}{k!} \text{ へ収束する量}\}}{(x-a)^\ell \times \{x \to a \text{ のとき } \frac{g^{(\ell)}(a)}{\ell!} \text{ へ収束する量}\}}$$

となり，これから系は容易に証明される．

したがって，$f(x), g(x)$ が $f(a) = g(a) = 0$ となるときでも，それらが何度でも微分できれば $\lim_{x \to a} \dfrac{f(x)}{g(x)} = \lim_{x \to a} \dfrac{f'(x)}{g'(x)} = \cdots = \lim_{x \to a} \dfrac{f^{(n)}(x)}{g^{(n)}(x)}$ と $f^{(n)}(a) = g^{(n)}(a) = 0$ でなくなるまで繰りかえせば発散か収束すれば値が求まる．$x \to \infty$ のときはどうするかというと，$x = \dfrac{1}{t}$ と表して $f(x)$ を t の関数とみて

$$\lim_{x \to \infty} \frac{f(x)}{g(x)} = \lim_{t \to 0} \frac{f\left(\frac{1}{t}\right)}{g\left(\frac{1}{t}\right)}$$

に系を適用すればよい．

例 1.24 $\lim_{x \to 0} \left(\dfrac{1}{x} - \dfrac{1}{\sin x} \right)$ を 2 通りの方法で求めてみよう．

最初はロピタルの方法を使おう．$\dfrac{1}{x} - \dfrac{1}{\sin x} = \dfrac{\sin x - x}{x \sin x}$ だから $f(x) = \sin x - x$, $g(x) = x \sin x$ とおくと

$$\begin{cases} f(0) = 0 \\ g(0) = 0 \end{cases}, \quad \begin{cases} f'(x) = \cos x - 1, & f'(0) = 0 \\ g'(x) = \sin x + x \cos x, & g'(0) = 0 \end{cases},$$

$$\begin{cases} f''(x) = -\sin x, & f''(0) = 0 \\ g''(x) = 2\cos x - x \sin x, & g''(0) = 2 \end{cases}$$

となりロピタルの定理から $\lim_{x \to 0} \left(\dfrac{1}{x} - \dfrac{1}{\sin x} \right) = 0$ となる．

一方，(1.14) の $\sin x = x - \dfrac{\cos c_1}{3!} x^3$ を使うと

$$\frac{1}{x} - \frac{1}{\sin x} = \frac{\left(x - \dfrac{\cos c_1}{3!} x^3\right) - x}{x \left(x - \dfrac{\cos c_1}{3!} x^3\right)} = \frac{-\dfrac{\cos c_1}{3!} x^2}{x - \dfrac{\cos c_1}{3!} x^3} = \frac{-\dfrac{\cos c_1}{3!} x}{1 - \dfrac{\cos c_1}{3!} x^2}$$

であり，c_1 は 0 と x の間にあるから $x \to 0$ なら $c_1 \to 0$ となり上式は $x \to 0$ のとき 0 に収束する．

問題 1.11 [A]

1. 次を証明せよ．

    (1) $f(x) = \dfrac{1}{1-x}$ に対し $f^{(n)}(x)$, $f^{(n)}(0)$ を求めよ．

    (2) $\dfrac{1}{1-x} = 1 + x + x^2 + \cdots + x^{n-1} + \dfrac{x^n}{1-x}$ $(x \neq 1)$

    (3) $\dfrac{1}{1-x} = 1 + x + x^2 + \cdots = \displaystyle\sum_{n=0}^{\infty} x^n$ $(|x| < 1)$

    (4) $\dfrac{1}{1+x} = 1 - x + x^2 - \cdots = \displaystyle\sum_{n=0}^{\infty} (-1)^n x^n$ $(|x| < 1)$

    (5) $\dfrac{x^k}{1-x} = x^k + x^{k+1} + x^{k+2} + \cdots = \displaystyle\sum_{n=k}^{\infty} x^n$ $(|x| < 1)$

2. 次の関数の $x = 0$ での巾級数展開を求めよ．

    (1) e^{2x} (2) $\dfrac{1}{e^x}$ (3) $(e^x)^a$ (4) $\dfrac{e^x - 1}{x}$

    (5) $\dfrac{\sin x}{x}$ (6) $\dfrac{1 - \cos x}{x^2}$ (7) $\cos^2 x$

3. 次の関数の $x = 0$ での巾級数展開の 3 次までの項を求めよ．

    (1) $e^x \sin x$ (2) $e^{-x} \cos x$ (3) $\tan x$

4. 次の関数の $x = 0$ での巾級数展開を求めよ．

    (1) $\log(1+x)$ (2) $\tan^{-1} x$ (3) 2^x

5. 次の値を求めよ．

    (1) $\displaystyle\lim_{x \to 0} \dfrac{1 - \cos x}{x^2}$ (2) $\displaystyle\lim_{x \to 0} \dfrac{x - \sin x}{x^3}$

    (3) $\displaystyle\lim_{x \to 0} \left(\dfrac{1}{\tan x} - \dfrac{1}{x} \right)$ (4) $\displaystyle\lim_{x \to \infty} x \left(\dfrac{\pi}{2} - \tan^{-1} x \right)$

    (5) $\displaystyle\lim_{x \to 0} \dfrac{\log(1-x)}{x}$ (6) $\displaystyle\lim_{x \to 0} \dfrac{\log \frac{1}{1-x} - x}{x^2}$

問題 1.11 [B]

1. $|x| < 1$ のとき，次の関数の $x = 0$ での巾級数展開の 4 次の項まで求めよ．

    (1) $\dfrac{1}{(1-x)^2}$ (2) $\dfrac{1}{(1+x)^3}$

2. 系 **1.1** を参考にしてマクローリン展開
$$(1+x)^a = 1 + ax + \frac{a(a-1)}{2!}x^2 + \cdots$$
$$+ \frac{a(a-1)(a-2)\cdots(a-n+1)}{n!}x^n + \cdots \quad (-1 < x < 1)$$
を確認して次の問に答えよ (誤差項が 0 に収束することは認める).

$a = -1$ として $\dfrac{1}{1+x}$ の巾級数展開を求めよ.

(1) $a = \dfrac{1}{2}$ として $\sqrt{1+x}$ の巾級数展開を求めよ.

(2) $a = -\dfrac{1}{2}$ として $\dfrac{1}{\sqrt{x+1}}$ の巾級数展開を求めよ.

1.12 偏微分

いままでは 1 変数の微分を扱ってきたが，これから多変数の微分を取り上げる．しかし，考え方としては変数が多くなっても同じなので 2 変数の場合だけを扱う.

平面上の点 $P_n(x_n, y_n)$ が点 $A(a, b)$ に近づくとは点 P_n と A の距離が 0 に近づくということである，すなわち
$$\lim_{n\to\infty} \sqrt{(x_n-a)^2 + (y_n-b)^2} = 0$$
ということである．$\max(|x_n - a|, |y_n - b|) \leqq \sqrt{(x_n-a)^2 + (y_n-b)^2}$ だから $\lim_{n\to\infty}|x_n - a| = 0$ かつ $\lim_{n\to\infty}|y_n - b| = 0$ といってもよい.

平面上で定義された関数 f が点 A で連続であるとは，点 P がどのように A に近づいても値 $f(P)$ が値 $f(A)$ に近づくことである，すなわち
$$\lim_{P\to A} f(P) = f(A)$$
となるとき f が点 A で連続であるという．

例 1.25　1. $f(x,y) = x^2 + y^2$ は平面上で定義された連続関数である．なぜなら点 $A(a, b)$ に対し $P(x, y) \to A$ ということは $x \to a, y \to b$ ということであるから $\lim_{P\to A} f(P) = \lim_{x\to a, y\to b}(x^2 + y^2) = a^2 + b^2 = f(A)$ である．

2. 連続ではない例をあげた方がわかりやすいかもしれない．

$$f(x,y) = \begin{cases} \dfrac{xy}{x^2+y^2} & ((x,y) \neq (0,0)), \\ \dfrac{1}{2} & ((x,y) = (0,0)) \end{cases}$$

とすると $f(x,y)$ は点 $A(a,b)$ $((a,b) \neq (0,0))$ で連続なことは容易である．しかし，原点 $A(0,0)$ では連続ではない．それは

$$\lim_{x=y\to 0} \frac{xy}{x^2+y^2} = \lim_{y\to 0} \frac{y^2}{2y^2} = \frac{1}{2}$$

であるのに対し

$$\lim_{x=-y\to 0} \frac{xy}{x^2+y^2} = \lim_{x\to 0} \frac{-y^2}{2y^2} = \frac{-1}{2}$$

だから直線 $y=x$ と $y=-x$ の上で原点に近づくとき，ともに極限はあるがそれらは異なる．曲面 $z=f(x,y)$ は想像しにくいが，曲面を直線 $y=ax$ を通り xy 平面に垂直な平面で切った切り口は $z = \dfrac{a}{1+a^2}$ $(x \neq 0)$, $\dfrac{1}{2}$ $(x=0)$ である．

関数 $z=f(x,y)$ に対し y を定数とみて x で微分したものを

$$\frac{\partial z}{\partial x}, \frac{\partial f}{\partial x}, z_x, f_x$$

などと書き，x による**偏導関数**あるいは単に**偏微分**という，すなわち

$$\frac{\partial f}{\partial x}(a,b) = \lim_{h\to 0} \frac{f(a+h,b)-f(a,b)}{h}$$

同様に

$$\frac{\partial f}{\partial y}(a,b) = \lim_{k\to 0} \frac{f(a,b+k)-f(a,b)}{k}$$

である．また，繰り返し偏微分した関数を次のように書く．

$$f_{xx} = \frac{\partial}{\partial x}\left(\frac{\partial f}{\partial x}\right) = \frac{\partial^2}{\partial x^2}f, f_{yy} = \frac{\partial}{\partial y}\left(\frac{\partial f}{\partial y}\right) = \frac{\partial^2}{\partial y^2}f, f_{xy} = \frac{\partial}{\partial y}\left(\frac{\partial f}{\partial x}\right).$$

f_{xy} と書くとき f に近い x でまず微分し，次に y で微分する．これらを2階の**偏導関数**という．

例 1.26 1. $z = x^2 + 3xy + 2y^2$ のとき

$$z_x = 2x + 3y,\ z_y = 3x + 4y,\ z_{xx} = 2,\ z_{xy} = z_{yx} = 3,\ z_{yy} = 4.$$

2. $z = \log(x^2 + y^2)\ (x, y) \neq (0, 0)$ のとき

$$z_x = \frac{2x}{x^2 + y^2},\ z_y = \frac{2y}{x^2 + y^2},$$

$$z_{xx} = \frac{\partial}{\partial x}\left(\frac{2x}{x^2 + y^2}\right) = 2 \cdot \frac{1}{x^2 + y^2} + 2x \cdot \frac{(-1)\,2x}{(x^2 + y^2)^2} = \frac{2y^2 - 2x^2}{(x^2 + y^2)^2}$$

$$z_{yy} = \frac{\partial}{\partial y}\left(\frac{2y}{x^2 + y^2}\right) = 2 \cdot \frac{1}{x^2 + y^2} + 2y \cdot \frac{(-1)\,2y}{(x^2 + y^2)^2} = \frac{2x^2 - 2y^2}{(x^2 + y^2)^2}$$

したがって $z_{xx} + z_{yy} = 0$ となる.

$$\triangle = \frac{\partial^2}{\partial x^2} + \frac{\partial^2}{\partial y^2}$$

をラプラシアンといい,重要な微分作用素であり,$\triangle z = 0$ を満たす関数を**調和関数**という.$\log\left(x^2 + y^2\right)$ は調和関数の例である.

ここでは証明しないが次の定理が成り立つ.

定理 1.28 関数 $z = f(x, y)$ に対して z_{xy}, z_{yx} がともに連続なら

$$z_{xy} = z_{yx}$$

が成り立つ.

$f(x, y)$ が x, y の多項式の場合,仮定は満たされるのだが,そうでないと無条件で $z_{xy} = z_{yx}$ が成立するわけではない (問題 [B]1.12 参照).

接線の拡張として空間内で曲面の接平面がある.接平面について述べる前に単なる平面について思い出しておこう.$(a, b, c) \neq (0, 0, 0)$ に対して方程式

$$a(x - \alpha) + b(y - \beta) + c(z - \gamma) = 0 \tag{1.15}$$

を満たす空間の点 (x, y, z) 全体は点 $\mathrm{T}(\alpha, \beta, \gamma)$ を通る平面を表していた.たとえば $c \neq 0$ とすると (1.15) から

$$z = -\frac{a}{c}(x - \alpha) - \frac{b}{c}(y - \beta) + \gamma$$

と表しておくと

(1.15) を満たす点 (x, y, z) の集合

$$= \left\{ \left(x, y, -\frac{a}{c}(x-\alpha) - \frac{b}{c}(y-\beta) + \gamma \right) \,\middle|\, x, y \in \mathbb{R} \right\}$$

$$= \left\{ x\left(1, 0, -\frac{a}{c}\right) + y\left(0, 1, -\frac{b}{c}\right) + \left(0, 0, \frac{a\alpha}{c} + \frac{b\beta}{c} + \gamma\right) \,\middle|\, x, y \in \mathbb{R} \right\}$$

ここで $x = cu + \alpha, y = cv + \beta$ と x, y を u, v に変数変換すると

$$= \{u(c, 0, -a) + v(0, c, -b) + (\alpha, \beta, \gamma) \mid u, v \in \mathbb{R}\}$$

となり，これは $\boldsymbol{a} = (c, 0, -a), \boldsymbol{b} = (0, c, -b)$ とおくと $\{u\boldsymbol{a} + v\boldsymbol{b} + (\alpha, \beta, \gamma) \mid u, v \in \mathbb{R}\}$ だから確かに点 T を通る平面である．さらに (1.15) はベクトル (a, b, c) と $(x - \alpha, y - \beta, z - \gamma)$ の直交条件であることも思い出しておこう．

さて接平面の定義の前に平面での接線について復習しておこう．平面での曲線 $y = f(x)$ の点 (a, b) での接線の方程式は

$$y - b = f'(a)(x-a), \quad \text{すなわち} - f'(a)(x-a) + (y-b) = 0$$

である．これはベクトル $(-f'(a), 1)$ と接線方向のベクトル $(x-a, y-b)$ とが直交していることを示している (図 1.12.1)．実際，$(x-a, y-b) = \lambda(1, f'(a))$ (ただし，$\lambda = x - a$) である．

次に空間内の曲面 $z = f(x, y)$ を考えよう．曲面上の点 $\mathrm{P}(a, b, f(a, b))$ を通る，y 座標を b に固定した xz 平面での x で微分して得られる接線は $z - f(a, b) = f_x(a, b)(x-a)$ であり，接線ベクトルは $(x, b, z) - (a, b, f(a, b)) =$

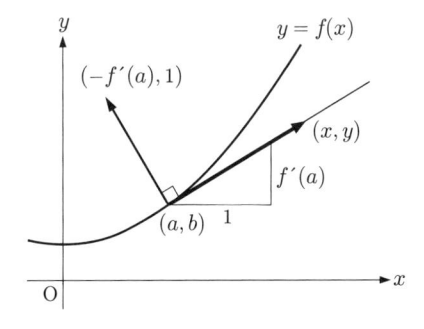

図 1.12.1

$(x-a, b-b, z-f(a,b)) = \lambda(1, 0, f_x(a,b))$ (ただし，$\lambda = x-a$) である．

同様に，x 座標を a に固定して考えると y で微分して得られる接線は $z - f(a,b) = f_y(a,b)(y-b)$ で，接線ベクトルは $(a-a, y-b, z-f(a,b)) = \mu(0, 1, f_y(a,b))$ ($\mu = y-b$) である．

このときベクトル $(-f_x(a,b), -f_y(a,b), 1)$ は上の 2 方向の接線ベクトル $(1, 0, f_x(a,b))$, $(0, 1, f_y(a,b))$ と直交していることに注意する．

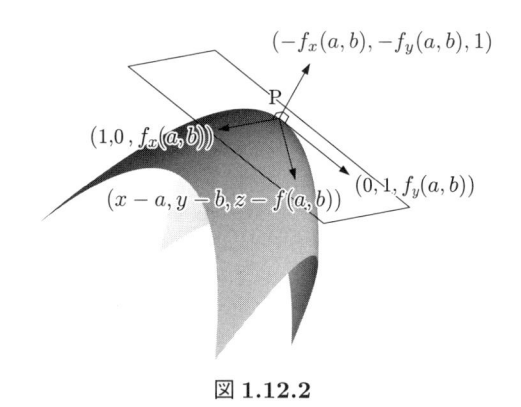

図 1.12.2

この 2 接線が張る平面 (= **法線ベクトル** $(-f_x(a,b), -f_y(a,b), 1)$ に直交する平面)

$$f_x(a,b)(x-a) + f_y(a,b)(y-b) - (z-f(a,b)) = 0$$

を曲面 $z = f(x,y)$ の点 $(a, b, f(a,b))$ における**接平面**という (次節例 1.28 の 3 参照)．

これが常識にあっていることを単位球でみてみよう．

例 1.27 $z = \sqrt{1-x^2-y^2}$ とすると，これは原点を中心とする半径 1 の単位球面の上半分を与える式である．点 P$= (a, b, \sqrt{1-a^2-b^2})$ ($a^2+b^2 \neq 1$) での接平面を求めよう．

$$z_x = \frac{-x}{\sqrt{1-x^2-y^2}}, z_y = \frac{-y}{\sqrt{1-x^2-y^2}}$$

だから接平面は定義によって

$$\frac{-a}{\sqrt{1-a^2-b^2}}(x-a) + \frac{-b}{\sqrt{1-a^2-b^2}}(y-b) - (z - \sqrt{1-a^2-b^2}) = 0$$

で，法線ベクトルは

$$\left(\frac{a}{\sqrt{1-a^2-b^2}}, \frac{b}{\sqrt{1-a^2-b^2}}, 1\right)$$

である．点 P での法線は $t\left(\frac{a}{\sqrt{1-a^2-b^2}}, \frac{b}{\sqrt{1-a^2-b^2}}, 1\right) + \left(a, b, \sqrt{1-a^2-b^2}\right)$ で与えられ，これは $t = -\sqrt{1-a^2-b^2}$ のときに球の中心である原点を通っている．したがって，点 P における法線は点 P と球の中心である原点を結ぶ直線であり，上で定義した接平面はこの直線に直交する平面であり常識にあっている．

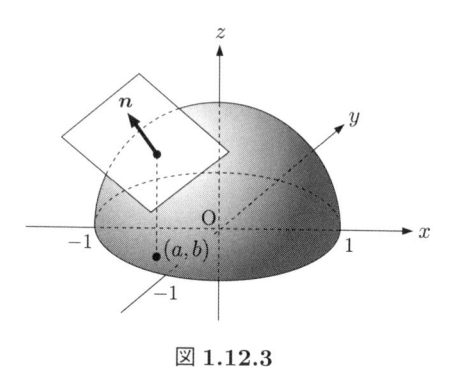

図 **1.12.3**

問題 **1.12** [**A**]

1. 次の関数 z の偏導関数を求めよ．
   (1) $x^3 - 2xy + y^2$ (2) $\dfrac{1}{xy}$ (3) $\dfrac{x}{y}$
   (4) $\dfrac{1}{x^2 - y^2}$ (5) $\sqrt{2x + 3y}$ (6) e^{2x+3y}
   (7) $\sin(2x + 3y)$ (8) $\cos(ax^2 + by^2)$ (9) $(x-y)\log(x+y)$

2. 次の接平面の方程式を求めよ．
   (1) $z = x^2 + y^2$ の点 $(1, 1, 2)$ における接平面．
   (2) $z = x^2 - y^2$ の点 $(2, 1, 3)$ における接平面．

(3) $z = xy$ の点 $(1,0,0)$ における接平面.
(4) $z = \sqrt{x^2 + y^2}$ の点 $(1,1,\sqrt{2})$ における接平面.
(5) $z = 4\tan^{-1}\dfrac{y}{x}$ の点 $(1,-1,-\pi)$ における接平面.

3. 次の関数 z の 2 階の偏導関数を求めよ.

(1) $ax^2 - bxy + cy^2$ (2) $\dfrac{1}{x} - \dfrac{1}{y}$ (3) $\sin(ax+by)$

(4) $\dfrac{1}{x-y}$ (5) $e^{2x}\sin 3y$ (6) e^{xy}

(7) $e^{2x^2+3xy+y^2}$ (8) $\log_x y$ (9) x^y

問題 1.12 [B]
$$f(x,y) = \frac{xy(x^2 - y^2)}{x^2 + y^2} \quad ((x,y) \neq (0,0)), \quad f(0,0) = 0$$
とすると
$$f_x(0,0) = f_y(0,0) = 0, \quad f_x(0,y) = -y, \quad f_y(x,0) = x$$
を示し, $f_{xy}(0,0) \neq f_{yx}(0,0)$ を示せ.

1.13 合成関数の微分

多変数関数の場合の合成関数の微分について述べる.

定理 1.29 (連鎖律) $z = f(x,y)$ が x, y に関し偏微分可能で z_x, z_y もともに連続とする. また $x = \varphi(t), y = \psi(t)$ も t の関数として微分可能ならば $z = f(\varphi(t), \psi(t))$ も t の関数として微分可能で

$$\frac{dz}{dt} = f_x(\varphi(t),\psi(t))\varphi'(t) + f_y(\varphi(t),\psi(t))\psi'(t)$$
$$= \frac{\partial z}{\partial x}\frac{dx}{dt} + \frac{\partial z}{\partial y}\frac{dy}{dt} \quad (\text{直感的に})$$

が成り立つ.

証明: 1 変数のときのように平均値の定理を使う. まず

$$f(\varphi(t+h),\psi(t+h)) - f(\varphi(t),\psi(t))$$
$$= f(\varphi(t+h),\psi(t+h)) - f(\varphi(t+h),\psi(t))$$
$$\qquad + f(\varphi(t+h),\psi(t)) - f(\varphi(t),\psi(t)) \quad (1.16)$$

と分解する．

(1.16) の上段を処理するために $F(y) = f(\varphi(t+h), y), b = \psi(t+h), a = \psi(t)$ とおくと (1.16) の上段は $F(b) - F(a)$ であり，これに平均値の定理を適用して $a \neq b$ なら

$$F'(\theta_y) = \frac{F(b) - F(a)}{b - a} = \frac{f(\varphi(t+h), \psi(t+h)) - f(\varphi(t+h), \psi(t))}{\psi(t+h) - \psi(t)}$$

となる θ_y が $b = \psi(t+h)$ と $a = \psi(t)$ との間にある．また

$$F'(\theta_y) = f_y(\varphi(t+h), \theta_y)$$

でもあるから

$$f(\varphi(t+h), \psi(t+h)) - f(\varphi(t+h), \psi(t)) = f_y(\varphi(t+h), \theta_y)(\psi(t+h) - \psi(t))$$

となる．これは $a = b$, すなわち $\psi(t+h) = \psi(t)$ のときも $\theta_y = \psi(t)$ に対して正しい．

同様に下段を処理するために，$G(x) = f(x, \psi(t)), a = \varphi(t+h), b = \varphi(t)$ とおいて平均値の定理を使うと

$$f(\varphi(t+h), \psi(t)) - f(\varphi(t), \psi(t)) = f_x(\theta_x, \psi(t))(\varphi(t+h) - \varphi(t))$$

となる θ_x が $\varphi(t+h)$ と $\varphi(t)$ の間にある．これらを (1.16) に代入して

$$f(\varphi(t+h), \psi(t+h)) - f(\varphi(t), \psi(t))$$
$$= f_y(\varphi(t+h), \theta_y)(\psi(t+h) - \psi(t)) + f_x(\theta_x, \psi(t))(\varphi(t+h) - \varphi(t))$$

を得る．この両辺を h で割って $h \to 0$ とすれば $\theta_x \to \varphi(t), \theta_y \to \psi(t)$ だから欲しい式が得られる． ∎

定理 1.30 定理 1.29 でさらに $x = x(u, v), y = y(u, v)$ のとき，次式が成立する．

$$\frac{\partial z}{\partial u} = \frac{\partial z}{\partial x}\frac{\partial x}{\partial u} + \frac{\partial z}{\partial y}\frac{\partial y}{\partial u},$$
$$\frac{\partial z}{\partial v} = \frac{\partial z}{\partial x}\frac{\partial x}{\partial v} + \frac{\partial z}{\partial y}\frac{\partial y}{\partial v}.$$

証明：u で偏微分するということは v については定数とみなすわけだから、そのときには ∂u といっても (v を定数と見れば) du といっても同じであり、前定理の公式を ∂u を使って書き換えたのがこの定理の公式である. ∎

例 1.28　1. $x = r\cos\theta$, $y = r\sin\theta$ $(r > 0)$ (**極座標変換**) とすると

$$\triangle = \frac{\partial^2}{\partial x^2} + \frac{\partial^2}{\partial y^2} = \frac{\partial^2}{\partial r^2} + \frac{1}{r}\frac{\partial}{\partial r} + \frac{1}{r^2}\frac{\partial^2}{\partial \theta^2} \tag{1.17}$$

である.

証明：$z = f(x, y)$ とすると

$$\frac{\partial z}{\partial r} = \frac{\partial f}{\partial x} \cdot \cos\theta + \frac{\partial f}{\partial y} \cdot \sin\theta,$$

$$\frac{\partial z}{\partial \theta} = \frac{\partial f}{\partial x} \cdot (-r\sin\theta) + \frac{\partial f}{\partial y} \cdot (r\cos\theta)$$

はやさしい. 次に

$$\frac{\partial^2 z}{\partial r^2} = \frac{\partial}{\partial r}\left(\frac{\partial f}{\partial x}\right) \cdot \cos\theta + \frac{\partial}{\partial r}\left(\frac{\partial f}{\partial y}\right) \cdot \sin\theta$$

$$= \left\{\frac{\partial}{\partial x}\left(\frac{\partial f}{\partial x}\right) \cdot \cos\theta + \frac{\partial}{\partial y}\left(\frac{\partial f}{\partial x}\right) \cdot \sin\theta\right\}\cos\theta$$

$$\quad + \left\{\frac{\partial}{\partial x}\left(\frac{\partial f}{\partial y}\right) \cdot \cos\theta + \frac{\partial}{\partial y}\left(\frac{\partial f}{\partial y}\right) \cdot \sin\theta\right\}\sin\theta$$

$$= \frac{\partial^2 f}{\partial x^2} \cdot \cos^2\theta + 2\frac{\partial^2 f}{\partial x \partial y} \cdot \sin\theta\cos\theta + \frac{\partial^2 f}{\partial y^2} \cdot \sin^2\theta$$

$$\frac{\partial^2 z}{\partial \theta^2} = \frac{\partial}{\partial \theta}\left(\frac{\partial f}{\partial x}\right) \cdot (-r\sin\theta) + \frac{\partial f}{\partial x} \cdot (-r\cos\theta)$$

$$\quad + \frac{\partial}{\partial \theta}\left(\frac{\partial f}{\partial y}\right) \cdot (r\cos\theta) + \frac{\partial f}{\partial y} \cdot (-r\sin\theta)$$

$$= \left\{\frac{\partial^2 f}{\partial x^2} \cdot (-r\sin\theta) + \frac{\partial^2 f}{\partial y \partial x} \cdot (r\cos\theta)\right\} \cdot (-r\sin\theta)$$

$$\quad + \frac{\partial f}{\partial x} \cdot (-r\cos\theta)$$

$$\quad + \left\{\frac{\partial^2 f}{\partial x \partial y} \cdot (-r\sin\theta) + \frac{\partial^2 f}{\partial y^2} \cdot (r\cos\theta)\right\} \cdot (r\cos\theta)$$

$$+ \frac{\partial f}{\partial y} \cdot (-r \sin\theta)$$
$$= \frac{\partial^2 f}{\partial x^2} \cdot r^2 \sin^2\theta - 2r^2 \frac{\partial^2 f}{\partial x \partial y} \cdot \sin\theta \cos\theta + \frac{\partial^2 f}{\partial y^2} \cdot r^2 \cos^2\theta$$
$$- r \frac{\partial f}{\partial x} \cdot \cos\theta - r \frac{\partial f}{\partial y} \cdot \sin\theta$$

となって
$$\frac{\partial^2 z}{\partial r^2} + \frac{1}{r} \frac{\partial z}{\partial r} + \frac{1}{r^2} \frac{\partial^2 z}{\partial \theta^2}$$
$$= \frac{\partial^2 f}{\partial x^2} \cdot \cos^2\theta + 2 \frac{\partial^2 f}{\partial x \partial y} \cdot \sin\theta \cos\theta + \frac{\partial^2 f}{\partial y^2} \cdot \sin^2\theta$$
$$+ \frac{1}{r} \left(\frac{\partial f}{\partial x} \cdot \cos\theta + \frac{\partial f}{\partial y} \cdot \sin\theta \right)$$
$$+ \frac{\partial^2 f}{\partial x^2} \cdot \sin^2\theta - 2 \frac{\partial^2 f}{\partial x \partial y} \cdot \sin\theta \cos\theta + \frac{\partial^2 f}{\partial y^2} \cdot \cos^2\theta$$
$$- \frac{1}{r} \frac{\partial f}{\partial x} \cdot \cos\theta - \frac{1}{r} \frac{\partial f}{\partial y} \cdot \sin\theta$$
$$= \frac{\partial^2 f}{\partial x^2} + \frac{\partial^2 f}{\partial y^2}$$

が得られ，証明が終わる．

2. $z = \log(x^2 + y^2)$ を $x = r\cos\theta$, $y = r\sin\theta$, $(r > 0)$ となる極表示を用いると $z = \log r^2$ だから
$$\triangle z = \frac{\partial^2 z}{\partial r^2} + \frac{1}{r} \frac{\partial z}{\partial r} + \frac{1}{r^2} \frac{\partial^2 z}{\partial \theta^2} = \frac{d}{dr}\left(\frac{2}{r}\right) + \frac{2}{r^2} = 0$$
となって，いったん (1.17) を証明してしまえば例 1.26 の 2 も上のように楽に計算できる．

3. $z = f(x, y)$ を点 $\mathrm{P}(a, b)$ で直線 $\ell: y - b = (\tan\theta)(x - a)$ $\left(\Leftrightarrow \dfrac{y-b}{\sin\theta} = \dfrac{x-a}{\cos\theta} = t \right)$ に沿っての微分，すなわち $z = f(a + t\cos\theta, b + t\sin\theta)$ を t で微分すると
$$\frac{dz}{dt} = f_x(a + t\cos\theta, b + t\sin\theta) \cos\theta$$
$$+ f_y(a + t\cos\theta, b + t\sin\theta) \sin\theta$$

だから
$$\frac{dz}{dt}\bigg|_{t=0} = f_x(a,b)\cos\theta + f_y(a,b)\sin\theta \qquad (1.18)$$
である．したがって，$t\,(\neq 0)$ が十分 0 に近いとき
$$\frac{f(a+t\cos\theta, b+t\sin\theta) - f(a,b)}{t} \fallingdotseq f_x(a,b)\cos\theta + f_y(a,b)\sin\theta$$
であり，点 (a,b) のまわりで $x = a + t\cos\theta$, $y = b + t\sin\theta$ と表すと
$$f(x,y) - f(a,b) \fallingdotseq f_x(a,b)(x-a) + f_y(a,b)(y-b)$$
となる．これは点 (a,b) のまわりで曲面 $z = f(x,y)$ の一次近似が接平面
$$z - f(a,b) = f_x(a,b)(x-a) + f_y(a,b)(y-b) \qquad (1.19)$$
であることを示している．

また直線 ℓ を通る xy 平面に垂直な平面 α を tz 平面とみると，α の原点は $t = z = 0$ で，それは $x = a, y = b, z = 0$ に対応し，t 軸上の点 $(a+t\cos\theta, b+t\sin\theta)$ と (a,b) との距離は $|t|$ となっている．上の式 (1.18),(1.19) は曲面 $z = f(x,y)$ の平面 α による切り口が tz 平面 α 上の曲線 $z = f(a+t\cos\theta, b+t\sin\theta)$ であり，点 $(t,z) = (0, f(a,b))$ での接線 $z - f(a,b) = (f_x(a,b)\cos\theta + f_y(a,b)\sin\theta)t$ が，接平面を平面 α で切ったもの ((1.19) に $x = a+t\cos\theta$, $y = b+t\sin\theta$ を代入したもの) になっていることを示している．

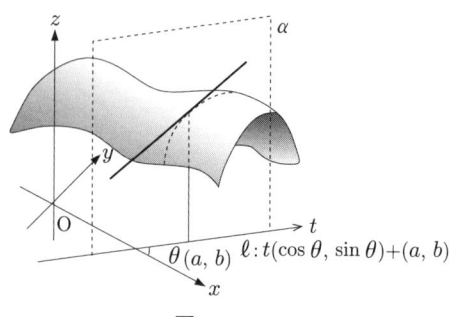

図 1.13.1

問題 1.13 [A]

1. 次の各場合に $\dfrac{dz}{dt}$ を求めよ.
   (1) $z = f(2t, 3t)$
   (2) $z = f(\cos 2t, \sin 3t)$
   (3) $z = f(e^t, e^{2t})$
   (4) $z = f\left(\dfrac{1}{t}, \dfrac{1}{t^2}\right)$
   (5) $z = f(\varphi(t)\cos(\psi(t)), \varphi(t)\sin(\psi(t)))$

2. $z = f(x, y)$, $x = uv$, $y = u^2 + v^2$ のとき $\dfrac{\partial z}{\partial u}, \dfrac{\partial z}{\partial v}$ を求めよ.

3. $z = f(x, y)$, $x = e^u + e^v$, $y = e^{-u} + e^{-v}$ のとき
$$\frac{\partial z}{\partial u} + \frac{\partial z}{\partial v} = x\frac{\partial z}{\partial x} - y\frac{\partial z}{\partial y}$$
を示せ.

問題 1.13 [B]

1. $z = f(r, \theta)$, $x = r\cos\theta$, $y = r\sin\theta$ $\left(r > 0, |\theta| < \dfrac{\pi}{2}\right)$ とする.
   (1) $r = \sqrt{x^2 + y^2}$, $\theta = \tan^{-1}\left(\dfrac{y}{x}\right)$ を示せ.
   (2) $\dfrac{\partial r}{\partial x}, \dfrac{\partial r}{\partial y}, \dfrac{\partial \theta}{\partial x}, \dfrac{\partial \theta}{\partial y}$ を r, θ で表せ[28].
   (3) 次を示せ.
$$\frac{\partial z}{\partial x} = \cos\theta \cdot \frac{\partial z}{\partial r} - \frac{1}{r}\sin\theta \cdot \frac{\partial z}{\partial \theta}, \quad \frac{\partial z}{\partial y} = \sin\theta \cdot \frac{\partial z}{\partial r} + \frac{1}{r}\cos\theta \cdot \frac{\partial z}{\partial \theta}$$

2. $u = \log\sqrt{x^2 + y^2}$ $(x^2 + y^2 \neq 0)$, $v = \tan^{-1}\dfrac{y}{x}$ $(x \neq 0)$ は次の関係式を満たすことを証明せよ.
   (1) $\dfrac{\partial u}{\partial x} = \dfrac{\partial v}{\partial y}, \dfrac{\partial u}{\partial y} = -\dfrac{\partial v}{\partial x}$
   (2) $\triangle u = 0, \triangle v = 0$

1.14 陰関数

単位円を与える方程式 $x^2 + y^2 = 1$ は y を x の関数として $y = \pm\sqrt{1 - x^2}$ と表せる. しかし一般には 2 変数関数 $f(x, y)$ に対し $f(x, y) = 0$ から y が x で具体的に表されるとは限らないし, 表せたとしても上のようにただ 1 つには決まらないかも知れない. しかし適当な条件下ではそれが可能である. それが

---

[28] $\dfrac{\partial r}{\partial x} \dfrac{\partial x}{\partial r} \neq 1$ に注意せよ.

陰関数の定理と呼ばれる次の定理である．なお y が具体的に x で表されたものを**陽関数**表示といい，上のように関数 y が $f(x,y) = 0$ に入ってしまっているときこの y を**陰関数**表示という．

定理 1.31 (陰関数の定理)　関数 $f(x,y)$ に対し，f, f_x, f_y が点 $\mathrm{P}(a,b)$ のまわりで連続で $f(a,b) = 0$ かつ $f_y(a,b) \neq 0$ とする．このとき $x = a$ のまわりで定義された微分可能な関数 $y = g(x)$ で $b = g(a)$, $f(x, g(x)) = 0$,
$$g'(x) = -\frac{f_x(x, g(x))}{f_y(x, g(x))}$$
を満たすものがただ 1 つ存在する．

証明の前に単位円 $x^2 + y^2 = 1$ で定理を確かめてみよう．$f(x,y) = x^2 + y^2 - 1$ とおくと $f_x = 2x$, $f_y = 2y$ は連続である．$f(a,b) = 0$ とすると $f_y(a,b) \neq 0 \Leftrightarrow b \neq 0 \Leftrightarrow a \neq \pm 1$ である．このとき $b = g(a)$, $f(x, g(x)) = 0$ を満たす関数 g は
$$g(x) = \begin{cases} \sqrt{1 - x^2} & (b > 0), \\ -\sqrt{1 - x^2} & (b < 0) \end{cases}$$
で与えられる．また
$$g'(x) = \begin{cases} -\dfrac{x}{\sqrt{1 - x^2}} & (b > 0), \\ \dfrac{x}{\sqrt{1 - x^2}} & (b < 0) \end{cases}$$
だから
$$g'(x) = -\frac{f_x(x, g(x))}{f_y(x, g(x))}$$
も確かに成立している．

定理の証明：$f_y(a,b) > 0$ とする ($f_y(a,b) < 0$ のときは f の代わりに $-f$ を考えればよい)．仮定から $f_y(a,b)$ は点 $\mathrm{P}(a,b)$ のまわりで連続だから P を中心とする小さな円内 D で $f_y(x,y) > 0$ である．したがって，このとき y の関数 $f(a,y)$ はそこで狭義単調増加関数だから $y_1 < b < y_2$ なら
$$f(a, y_1) < f(a, b) = 0 < f(a, y_2)$$

である．また $f(x,y)$ は D で連続だから x が a に十分近ければ

$$f(x,y_1) < 0 < f(x,y_2).$$

したがって，$f(x,y)$ を x を固定し y の関数とみて中間値の定理を適用すると y_1 と y_2 の間に $f(x,c)=0$ となる実数 c がただ 1 つある．この c は x によって決まるから c を x の関数と考えて $c=g(x)$ とおく．$g(x)$ の微分可能性の証明には立ち入らないで認めてしまうと $f(x,g(x))=0$ を合成関数の微分によって

$$f_x(x,g(x)) + f_y(x,g(x))g'(x) = 0 \tag{1.20}$$

を得る．$f_y(x,y)$ は点 P のまわりで正，特に 0 ではないから求める式 $g'(x) = -\dfrac{f_x(x,g(x))}{f_y(x,g(x))}$ が得られる． ∎

$x=a$ のまわりで $y=g(x)$ と表されるから，y を x の関数とみて $f(x,y)=0$ を x で微分した式 $f_x(x,y) + f_y(x,y)y' = 0$ が (1.20) である．

直感的に，y についての偏微分 f_y が 0 ということは接線が y について傾き 0，すなわち y 軸に平行である，といっている．このとき，右図だと $y=\varphi(x)$ となる関数 φ があるが，左図だとない．

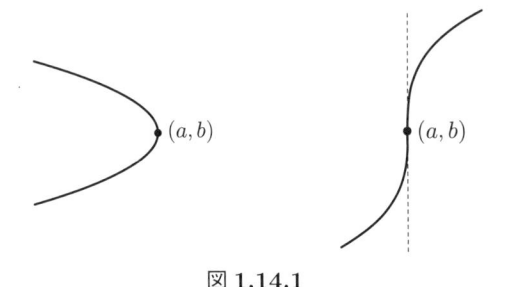

図 1.14.1

例 1.29　1. $f(x,y) = 3x^2 - 5xy + 3y^2 - 2x + y$ とし，$f(x,y)=0$ で与えられる曲線を考える．この曲線の $x=1$ における接線方程式を求める．$x=1$ のとき，曲線上の y 座標は $3y^2 - 4y + 1 = 0$ より $y = 1, \dfrac{1}{3}$ である．そこで 2 点 $\left(1, \dfrac{1}{3}\right)$, $(1,1)$ における接線方程式を求める．

$f_x(x, y) = 6x - 5y - 2$, $f_y(x, y) = -5x + 6y + 1$ なので導関数は
$$y' = -\frac{6x - 5y - 2}{-5x + 6y + 1}$$
となる.
$\left(1, \dfrac{1}{3}\right)$ と $(1,1)$ を代入して次の接線方程式を得る.
$\left(1, \dfrac{1}{3}\right)$ での接線は $y = \dfrac{7}{6}(x-1) + \dfrac{1}{3} = \dfrac{7}{6}x - \dfrac{5}{6}$ となり,
$(1,1)$ での接線は $y = \dfrac{1}{2}(x+1)$ となる.
参考に回転した楕円であるこの曲線を紹介しておく.

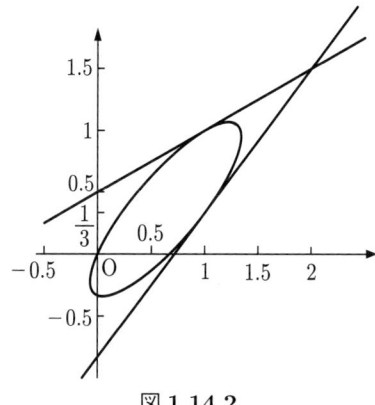

図 **1.14.2**

実際に $f(x,y) = 0$ は y についての 2 次式だからこれを解くと
$$y = \frac{1}{6}(5x - 1 \pm \sqrt{-11x^2 + 14x + 1})$$
となる. 複号の $+$ は $f(x,y) = 0$ の表す楕円の上半分, $-$ は下半分を表している. 確かに $x = 1$ のとき $y = 1, \dfrac{1}{3}$ であり
$$y' = \frac{5}{6} \pm \frac{-11x + 7}{6\sqrt{-11x^2 + 14x + 1}}$$
だから $(1,1)$ での接線の傾きは $\dfrac{1}{2}$ であり $\left(1, \dfrac{1}{3}\right)$ での接線の傾きは $\dfrac{7}{6}$ である.
次に具体的には解けない例を挙げよう.

2. $f(x,y) = x^3 + y^3 - 3xy$ とし $f(x,y) = 0$ で与えられる曲線 (デカルトの葉線) を考える．

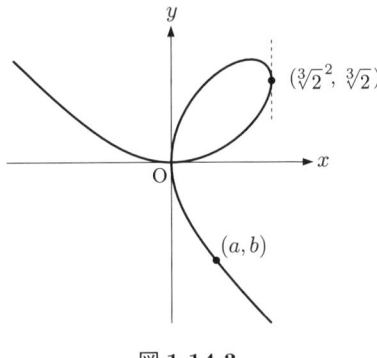

図 1.14.3

$f(a,b) = 0$ とする．$f_y(a,b) = 3b^2 - 3a = 0$ なら $a = b^2$ だから $f(a,b) = b^6 + b^3 - 3b^3 = 0$, したがって, $b = 0$ または $b = \sqrt[3]{2}$ である．すなわち, $f(a,b) = 0$, $f_y(a,b) = 0$ となる (a,b) は $(0,0)$ または $(\sqrt[3]{2}^2, \sqrt[3]{2})$ である．

いま $f(a,b) = 0$, $(a,b) \neq (0,0), (\sqrt[3]{2}^2, \sqrt[3]{2})$ とすると $f_y(a,b) \neq 0$ となる．このとき定理の g に対して $x = a$ のまわりで $y = g(x)$ と表すと

$$y' = -\frac{f_x(x,y)}{f_y(x,y)} = -\frac{x^2 - y}{y^2 - x}$$

である．図からも確かに (a,b) の近くでは y は x から決まる．しかし, 点 $(0,0), (\sqrt[3]{2}^2, \sqrt[3]{2})$ のまわりでは y は x からただ 1 つには決まらない．

問題 1.14 [A]

1. 次の各式で定まる x の陰関数 y について導関数 y' を求めよ．
   (1) $x^2 + xy + y^2 = 1$
   (2) $x^3 + y^3 - 3xy = 0$
   (3) $x = y^2 - y + 1$
   (4) $x(y^2 - 2y) = 1$
   (5) $xy - xe^y = 1$
   (6) $\dfrac{y}{x} \sin(xy) = 1$

2. 次の陰関数で与えられた曲線の与えられた点における接線の方程式を求めよ．

(1) $x^2 + y^2 = 1$, $\left(\dfrac{4}{5}, \dfrac{3}{5}\right)$ (2) $x^3 + y^3 = 1$, $(1, 0)$

問題 1.14 [B]

1. 定理 1.31 における $y = g(x)$ について

$$g^{(2)}(x) = \frac{-f_{xx}f_y{}^2 + 2f_{xy}f_xf_y - f_{yy}f_x{}^2}{f_y{}^3}$$

を示せ．ただし，右辺の $f_{xx}, \cdots$ は $f_{xx}(x, g(x)), \cdots$ の略記である．

1.15 極値問題

偏微分法の応用として制約条件下での最大値，最小値などを求めることを考えよう．**ラグランジェの未定乗数法**と呼ばれる方法を紹介する．

順序として制約条件のない場合から始めよう．

用語として，関数 $f(x, y)$ に対し点 (x, y) が点 $\mathrm{P}(a, b)$ のまわりを動くとき，$f(x, y)$ が点 P で最大値 (または最小値) をとるとき関数 $f(x, y)$ は点 P で極大値 (または極小値) をとるという．あわせて**極値**ともいう．

$f(x, y)$ が点 $\mathrm{P}(a, b)$ で極値をとるなら

$$f_x(a, b) = \lim_{h \to 0} \frac{f(a+h, b) - f(a, b)}{h} = 0,\ f_y(a, b) = 0 \tag{1.21}$$

が (定理 1.13 の証明と同様に)$f(a+h, b) - f(a, b)$ の符号が h によらず一定であることからわかる．条件 (1.21) を満たす点 (a, b) は**停留点**と呼ばれる．停留点は極値をとるための必要条件で十分条件ではない．

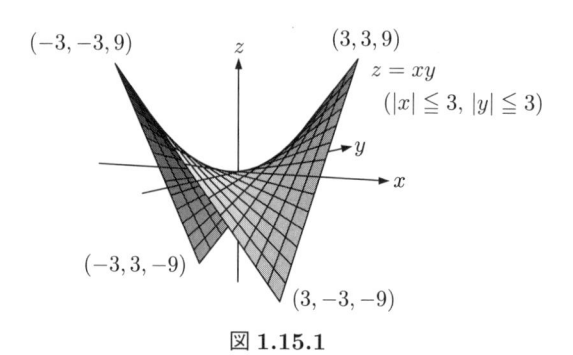

図 1.15.1

$f(x,y) = x^2 + y^2$ または $f(x,y) = xy$ とすると，停留点 (a,b) は $f_x(a,b) = f_y(a,b) = 0$ を満たすから $(a,b) = (0,0)$ のみで，$f(x,y) = x^2 + y^2$ のときは極小値 (特に最小値) をとっている．$f(x,y) = xy$ に対しては極大値でも極小値でもない．それをみるために直線 $y = ax$ 上に制限して考えてみよう．曲面 $z = f(x,y)$ を直線 $y = ax$ を通り xy 平面に垂直な平面 α による切り口をみるとそれは放物線 $z = ax^2$ であり，$a > 0$ のときは平面 α で原点で最小値，$a < 0$ のときは最大値をとる．よって，切り口の放物線は a につれて上下に羽ばたき，点 $(0,0)$ で xy は極値をとらない (曲面 $z = xy$ は原点 $(0,0,0)$ の近くで馬の鞍に似ていることからこのような点は鞍点と呼ばれる)．一般にはこの考え方を応用して極大，極小の判定をすればよい．$f(x,y)$ に対し P(a,b) を停留点とすると

$$f_x(a,b) = f_y(a,b) = 0$$

である．さらにこの点 P で極大値 (極小値) を取るかどうかは，点 P を通るすべての直線を考えその直線を通り xy 平面に垂直な平面で曲面 $z = f(x,y)$ を切った切り口として現れる曲線が点 P で極大値 (極小値)$f(a,b)$ をとることと同じである．その曲線は直線を $(a,b) + t(\alpha, \beta)$ $((\alpha, \beta) \neq (0,0))$ と表すと

$$z = f(a + t\alpha, b + t\beta)$$

だから右辺を $g(t)$ とおくと $g(0) = f(a,b)$ である．よって $f(x,y)$ が点 P で極大値 (極小値)$f(a,b)$ をとることとすべての $(\alpha, \beta) \neq (0,0)$ に対して $t = 0$ の近くで $g(t) \leqq f(a,b)$ ($g(t) \geqq f(a,b)$) となることとは同値である．さて定理 1.27 の系 1.1 を用いると，ある自然数 m に対して

$$g(t) = f(a,b) + a_m t^m + a_{m+1} t^{m+1} + \cdots + \frac{g^{(n)}(c)}{n!} t^n \quad (a_m \neq 0)$$

$$= f(a,b) + a_m t^m \left(1 + \frac{a_{m+1}}{a_m} t + \cdots + \frac{g^{(n)}(c)}{a_m n!} t^{n-m}\right)$$

となる c が t と 0 の間にある．ここで定理 1.29 を使って $a_1 = g'(0) = f_x(a,b)\alpha + f_y(a,b)\beta = 0$ となるから $m \geqq 2$ である．上の形からわかるように，もし $g(t)$ が点 P で極大値 (極小値)$f(a,b)$ をとるなら $t = 0$ の近くで $g(t) \leqq f(a,b)$ が成り立っていなければいけないから m は偶数かつ

$a_m < 0$ でなければならない. まとめて, 点 P で $f(x,y)$ が極大値 (極小値) をとるためには, すべての $(\alpha, \beta) \neq (0,0)$ に対し上の m は偶数かつ $a_m < 0$ ($a_m > 0$) であることが必要十分である. 特殊な場合として $m = 2$ について, $a_2 = f_{xx}(a,b)\alpha^2 + 2f_{xy}(a,b)\alpha\beta + f_{yy}(a,b)\beta^2$ であり, これが $(\alpha, \beta) \neq (0,0)$ について常に負または正で極大, 極小を判定することもある (問題 1.15[A]1 を参照).

例 1.30 例として $f(x,y) = xy(1-x-y)$ を考えよう. 停留点 P(a,b) を求めると
$$f_x = y - 2xy - y^2 = 0, \quad f_y = x - x^2 - 2xy = 0$$
を解いて $(a,b) = (0,0), (0,1), (1,0), \left(\dfrac{1}{3}, \dfrac{1}{3}\right)$ である. 上のように $g(t) = f(a+t\alpha, b+t\beta) = (a+t\alpha)(b+t\beta)(1-a-t\alpha-b-t\beta)$ とおくと,

(1) $(a,b) = (0,0)$ のとき $g(t) = \alpha\beta t^2(1-t\alpha-t\beta)$ となり $t=0$ の近くで $\alpha\beta$ によって $g(t)$ は正にも負になるから極大でも極小でもない.

(2) $(a,b) = (1,0)$ のとき $g(t) = (1+t\alpha)t\beta(-t\alpha-t\beta) = -t^2\beta(\alpha+\beta)(1+t\alpha)$ となり $\beta(\alpha+\beta)$ も正負の値をとるから極大でも極小でもない.

(3) $(a,b) = (0,1)$ のときも同様に極大でも極小でもない.

(4) $(a,b) = \left(\dfrac{1}{3}, \dfrac{1}{3}\right)$ のとき
$$g(t) = \left(\dfrac{1}{3}+t\alpha\right)\left(\dfrac{1}{3}+t\beta\right)\left(\dfrac{1}{3}-t\alpha-t\beta\right)$$
$$= \dfrac{1}{27} - \dfrac{1}{3}(\alpha^2+\alpha\beta+\beta^2)t^2 + (-\beta\alpha^2-\beta^2\alpha)t^3$$
であり t^2 の係数 $-\dfrac{1}{3}(\alpha^2+\alpha\beta+\beta^2) = -\dfrac{1}{3}\left(\left(\alpha+\dfrac{1}{2}\beta\right)^2 + \dfrac{3}{4}\beta^2\right)$ はすべての $(\alpha,\beta) \neq (0,0)$ に対し負だから点 P$\left(\dfrac{1}{3}, \dfrac{1}{3}\right)$ で極大値 $\dfrac{1}{27}$ をとる.

さて, ラグランジェの未定乗数法について説明しよう. 以下 x, y は自由に動くのではなく条件 $f(x,y) = 0$ の下に動くとし, そのとき別の関数 $h(x,y)$ の極値を求めよう. まず $h(x,y)$ が $f(x,y) = 0$ の条件下で点 $P(a,b)$ で極値を取る

とする．この意味は平面上の点 (x,y) が点 (a,b) のまわりを条件 $f(x,y)=0$ を満たしながら動くとき関数 $h(x,y)$ が点 (a,b) で最大値または最小値を取るということである．使うアイデアは前節の陰関数の定理を使って $x=a$ の近くで $y=g(x)$ と表して，$u(x):=h(x,g(x))$ が $x=a$ で極値を取るという 1 変数関数の極値問題に還元しようというものである．

まず $x=a$ の近くで $y=g(x)$ と表されるために，次の仮定を置く．

仮定 (#)：関数 $f(x,y)$ に対し f_x, f_y が点 $P(a,b)$ のまわりで共に連続で $f(a,b)=0$ かつ $f_y(a,b)\neq 0$ とする．

このとき陰関数の定理から $x=a$ のまわりで定義された微分可能な関数 $y=g(x)$ で $b=g(a)$,

$$f(x,g(x))=0 \tag{1.22}$$

を満たすものが存在する．またこのとき $u(x)$ は仮定から点 $x=a$ で極値を取るから $u'(a)=0$ となり[29]

$$u'(a)=h_x(a,g(a))+h_y(a,g(a))g'(a)=h_x(a,b)+h_y(a,b)g'(a)=0 \tag{1.23}$$

である．また (1.22) を微分して

$$g'(a)=-\frac{f_x(a,b)}{f_y(a,b)} \tag{1.24}$$

が得られ，これを (1.23) に代入して

$$h_x(a,b)-h_y(a,b)\frac{f_x(a,b)}{f_y(a,b)}=0 \tag{1.25}$$

となる．

$$\lambda=\frac{h_y(a,b)}{f_y(a,b)} \quad (\text{ラグランジェの未定乗数})$$

とおくと (1.25) は

$$h_x(a,b)-\lambda f_x(a,b)=0$$

---

[29] 以下使っているのは停留点の条件 $u'(a)=0$ だけであり，極大か極小かを判定するには $u(x)$ を $x=a$ でテイラー展開しなければならない．

となり，仮定 (#) の下に次の 3 条件 (♭) が必要条件として得られた．

$$
(\flat): \begin{cases} h_x(a,b) - \lambda f_x(a,b) = 0, \\ h_y(a,b) - \lambda f_y(a,b) = 0, \\ f(a,b) = 0. \end{cases}
$$

束縛条件 $f(x,y) = 0$ がなければ，f を恒等的に 0 となる関数を採ったと思って上の極値の必要条件は $h_x(a,b) = h_y(a,b) = 0$ だけである．これからいろいろなことがわかる．

例 1.31 1. 曲線 $f(x,y) = 0$ とこの曲線上にない点 $P(x_0, y_0)$ を考え，曲線上の点 $Q(x,y)$ と点 P との距離 $\sqrt{(x-x_0)^2 + (y-y_0)^2}$ が最大または最小となる点 $Q = Q_0(a,b)$ で仮定 (#) と $f_x(a,b) \neq 0$ が満たされるとすると，そこでの接線と直線 PQ_0 は直交する，すなわち直線 PQ_0 は曲線の法線である．

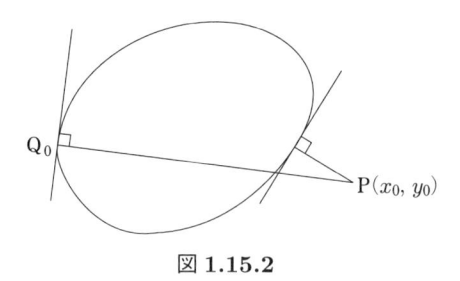

図 1.15.2

証明：まず距離 $\sqrt{(x-x_0)^2 + (y-y_0)^2}$ の最大最小と $(x-x_0)^2 + (y-y_0)^2$ の最大最小は同じだから $h(x,y) = (x-x_0)^2 + (y-y_0)^2$ とする．点 $Q_0(a,b)$ で仮定 (#) が満たされるとしているから，(1.24) と (1.25) から

$$g'(a) \neq 0, \quad 2(a-x_0) + 2(b-y_0)g'(a) = 0$$

となり直線 PQ_0 は $y - b = \dfrac{y_0 - b}{x_0 - a}(x - a) = -\dfrac{1}{g'(a)}(x-a)$ である．一方，点 Q_0 の近くで曲線 $f(x,y) = 0$ は $y = g(x)$ と表せるから点 Q_0 における接線は $y - b = g'(a)(x-a)$ である．したがって，2 直線は直交している．

2. 周長が ℓ の長方形の面積が最大となるのはいつか？

放物線のある区間での最大を求める問題として馴染ある問題であるが，ここでは未定乗数法の応用として解いてみよう．x, y をそれぞれ長方形の縦，横の長さとすると条件 $2x + 2y = \ell$ の下に面積 xy の最大値を求める問題となる．面積 $h(x, y) = xy$，制約条件 $f(x, y) = x + y - \dfrac{\ell}{2} = 0$ と設定する．$x = a, y = b$ で最大値をとるとすると $f_x = f_y = 1$ だから条件 (#) は満たされる．したがって，必要条件 (♭) は上から順に $b - \lambda = 0, a - \lambda = 0, a + b - \dfrac{\ell}{2} = 0$ となる．したがって，最大値があるとすれば $a = b = \dfrac{\ell}{4}$，すなわち正方形のときであることがわかった．最大値があることをみよう．$0 \leqq x \leqq \dfrac{\ell}{2}$ であり，長方形の面積 $S(x) = x\left(\dfrac{\ell}{2} - x\right)$ は x に関し連続だから閉区間上の連続関数は最大値をとる (存在定理 V, 1.7)．しかも $x = 0, \dfrac{\ell}{2}$ なら $S(x) = 0$ だから，確かに区間 $\left(0, \dfrac{\ell}{2}\right)$ で最大値をとる．

3. 半径が $r = 100$ で紙幅が $h = 65$ の扇がある．これに横 x 縦 y の内接する長方形を描く．扇を広げると長方形は変化する．長方形の面積 $S = xy$ の最大値を求めよ．[30]

まず扇を閉じた状態 ($y = 65$) から広げた状態 ($y = 0$) までの面積 $S = xy$ の変化は 0, 正, 0 と連続的に変化するから $0 < y < 65$ のどこかで最大

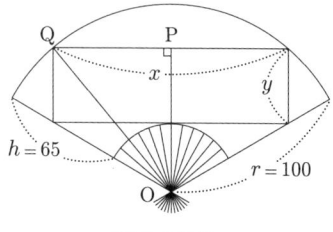

図 1.15.3

---

[30] 尾張藩士北川猛虎 (1763-1833) の『算法発穏』(1815 年発行) より引用したが解説とともに答 $S = 5400$ も記載されている．

値，特に極値をとる．したがって，極値をとる点がただ 1 点しかないことがいえればそこで最大値をとっている．

(a,b) $(0 < b < 65)$ で極値をとるとする．さて図の直角三角形 PQO に対する三平方の定理を用いた条件 $f(x,y) = (100 - 65 + y)^2 + \left(\dfrac{x}{2}\right)^2 - 100^2 = 0$ を制約条件とし，$S = h(x,y) = xy$ とすると，$f_x(x,y) = \dfrac{x}{2}, f_y(x,y) = 2(35 + y)$ だから仮定 (#) は満たされる．また $h_x(x,y) = y, h_y(x,y) = x$ に注意して p.90 の必要条件 (♭) を求める．

$$(\flat) : \begin{cases} S_x(a,b) - \lambda f_x(a,b) = b - \lambda \dfrac{a}{2} = 0 \\ S_y(a,b) - \lambda f_y(a,b) = a - 2\lambda(35 + b) = 0 \\ (35 + b)^2 + \dfrac{a^2}{4} - 100^2 = 0 \end{cases}$$

第 1 式より $\lambda = \dfrac{2b}{a}$．これを第 2 式に代入して $a^2 - 4b(35 + b) = 0$，さらにこれを第 3 式に代入して $(35 + b)^2 + b(35 + b) - 10000 = 0$．よって $2b^2 + 105b - 8775 = (2b + 195)(b - 45) = 0$．これより $b = 45, a = \sqrt{4 \times 45 \times 80} = 120, S = 5400$ となる．これで極値をとるのもただ 1 点であることがわかったし，最初に注意したように最大値をとることはわかっていたからこれが求める答えである．

4. 点 P$(1,0)$ と曲線 $y^2 = x^3$ 上の点 Q(x,y) との距離の最小値を求めよ．制約条件を $f(x,y) = y^2 - x^3 = 0$，距離の代わりにその 2 乗をとり，$h(x,y) = (x - 1)^2 + y^2$ と設定する．点 (a,b) で距離が最小となるとす

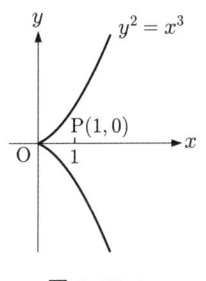

図 1.15.4

る (図からそのような点があるのは明らかであろう).
$$f_x = -3x^2,\ f_y = 2y$$
であり, $b \neq 0$ なら条件 (#) は満たされる. 実際, 曲線上の点 $Q(0.5, \sqrt{0.5^3})$ と $P(1,0)$ の距離は $\sqrt{0.5^2 + 0.5^3} = 0.61\cdots < 1$ だから最小値を $b = 0$ では取り得ない ($b = 0$ なら $a = 0$ である). したがって, $b \neq 0$ であり条件 (#) は満たされる. このとき必要条件 (♭) は
$$\begin{cases} 2(a-1) - \lambda(-3a^2) = 0, \\ 2b - \lambda(2b) = 0, \\ b^2 - a^3 = 0 \end{cases}$$
となる. $b \neq 0$ から $\lambda = 1$, したがって $3a^2 + 2a - 2 = 0, b^2 = a^3$ となる. $a^3 = b^2 > 0$ だから $a > 0$ に注意すると $a = \dfrac{-1 + \sqrt{7}}{3}$ である. このとき $b = \pm \left(\sqrt{\dfrac{-1+\sqrt{7}}{3}} \right)^3$ であり, 距離は $\sqrt{h(a,b)} = \sqrt{(a-1)^2 + b^2} = 0.60\cdots$ である.

問題 1.15 [A]

1. $a_2 = A\alpha^2 + 2B\alpha\beta + C\beta^2$, $D = B^2 - AC$ とおくとき以下を示せ (例 1.30 の直前の極大値, 極小値の判別に関連して $A = f_{xx}(a,b), B = f_{xy}(a,b), C = f_{yy}(a,b)$ を想定している).
   (1) $D < 0$ かつ $A > 0$ なら $(\alpha, \beta) \neq (0,0)$ のとき常に $a_2 > 0$ である [極小値].
   (2) $D < 0$ かつ $A < 0$ なら $(\alpha, \beta) \neq (0,0)$ のとき常に $a_2 < 0$ である [極大値].
   (3) $D > 0$ なら a_2 は適当な (α, β) に対し正負の値をともにとりうる.

2. 次の関数の極値を求めよ.
   (1)　$h(x,y) = 3x^2 - 5xy + 3y^2 - x - y$
   (2)　$h(x,y) = -x^2 + xy - y^2 + 4x - 2y$
   (3)　$h(x,y) = xy + x^{-1} + 8y^{-1}$

(4) $h(x, y) = x^2 - 5xy - 2y^2$

(5) $h(x, y) = x^3 - xy + \dfrac{1}{2}y^2$

3. $h(x,y) = x^2 + xy + y^2 - ax - by$ の極値を求めよ．

4. (1) 条件 $f(x,y) = x^2 + y^2 - 1 = 0$ の下に $h(x,y) = xy$ の最大値，最小値を求めよ．

(2) 条件 $f(x,y) = x^3 + y^3 - 3xy = 0$ の下に $h(x,y) = x^2 + y^2$ の極値を求めよ．

問題 1.15 [B]

1. $\mathrm{AB} = 100$ の線分の両端の同じ側に垂線 AX, BY を立てる．また線分 AB の間に点 P をとり 2 つの直角三角形 APX と BPY を描く．いま $\mathrm{AX} = 27, \mathrm{BY} = 18$ とするとき，2 つの三角形の斜辺の和 PX + PY を最小にする点 P の位置を求めよ

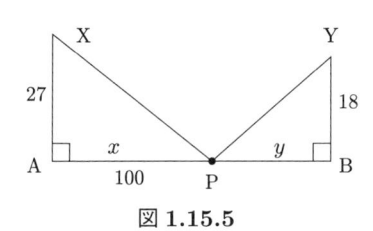

図 1.15.5

第2章

積分

2.1 不定積分 I

ある開区間で関数 $F(x)$ の導関数が $f(x)$ であるとき,すなわち

$$F'(x) = f(x)$$

となるとき,$F(x)$ を関数 $f(x)$ の**原始関数**または**不定積分**といい

$$\int f(x)\,dx$$

と表し,$f(x)$ を**被積分関数**という.また $G(x)$ も $f(x)$ の原始関数なら $F'(x) = G'(x) = f(x)$ だから定理 1.15 によって $G(x) = F(x) + C$ となる定数 C があるので原始関数は一般に次のように表される.

$$\int f(x)\,dx = F(x) + C$$

また,$\displaystyle\int F'(x)\,dx = F(x) + C$ でもある.ここで,C を**積分定数**という.不定積分は後で出てくる定積分の予備段階である.

例 2.1 左辺の微分の式から逆演算として右辺がわかる.

$$\begin{aligned}
(x^{a+1})' = (a+1)x^a &\Rightarrow \int x^a\,dx = \frac{1}{a+1}x^{a+1} + C \quad (a \neq -1) \\
(\log|x|)' = \frac{1}{x} &\Rightarrow \int \frac{1}{x}\,dx = \log|x| + C \\
(\log|f(x)|)' = \frac{f'(x)}{f(x)} &\Rightarrow \int \frac{f'(x)}{f(x)}\,dx = \log|f(x)| + C \quad \text{(対数積分)}
\end{aligned}$$

$(e^{ax})' = ae^{ax}$ $\Rightarrow$ $\displaystyle\int e^{ax}\,dx = \frac{1}{a}e^{ax} + C \quad (a \neq 0)$

$(\sin x)' = \cos x$ $\Rightarrow$ $\displaystyle\int \cos x\,dx = \sin x + C$

$(\cos x)' = -\sin x$ $\Rightarrow$ $\displaystyle\int \sin x\,dx = -\cos x + C$

$(\tan x)' = \dfrac{1}{\cos^2 x}$ $\Rightarrow$ $\displaystyle\int \frac{1}{\cos^2 x}\,dx = \tan x + C$

$(\cot x)' = -\dfrac{1}{\sin^2 x}$ $\Rightarrow$ $\displaystyle\int \frac{1}{\sin^2 x}\,dx = -\cot x + C$

$\left(\tan^{-1}\dfrac{x}{a}\right)' = \dfrac{a}{a^2+x^2}$ $\Rightarrow$ $\displaystyle\int \frac{1}{x^2+a^2}\,dx = \frac{1}{a}\tan^{-1}\frac{x}{a} + C\ (a \neq 0)$

$\left(\sin^{-1}\dfrac{x}{a}\right)' = \dfrac{1}{\sqrt{a^2-x^2}}$ $\Rightarrow$ $\displaystyle\int \frac{1}{\sqrt{a^2-x^2}}\,dx = \sin^{-1}\frac{x}{a} + C\ (a > 0)$

原始関数は微分の逆演算だから次の定理も容易である．

定理 2.1 $f(x), g(x)$ に対してそれぞれ原始関数があれば

$$\int (f(x)+g(x))\,dx = \int f(x)\,dx + \int g(x)\,dx$$

$$\int af(x)\,dx = a\int f(x)\,dx$$

が成り立つ[1]．ただし a は定数である．

証明：$f(x), g(x)$ の原始関数をそれぞれ $F(x), G(x)$ とすると $(F(x)+G(x))' = F'(x) + G'(x) = f(x) + g(x)$ だから $\displaystyle\int (f(x)+g(x))\,dx = F(x) + G(x) = \int f(x)\,dx + \int g(x)\,dx$ である． ∎

例 2.2 1.
$$\int \frac{x^3-2x^2+5x-8}{x^2}\,dx = \int\left(x-2+\frac{5}{x}-\frac{8}{x^2}\right)dx$$
$$= \int x\,dx - 2\int 1\,dx + 5\int \frac{1}{x}\,dx - 8\int \frac{1}{x^2}\,dx$$
$$= \frac{1}{2}x^2 - 2x + 5\log|x| + \frac{8}{x} + C$$

---

[1] 例 2.1 のように右辺が具体的な関数のときは積分定数 C を忘れてはいけないが，積分記号を含むときは C を省くことがある．

2. $a \neq 0$ とすると
$$\frac{1}{x^2 - a^2} = \frac{1}{2a}\left(\frac{-1}{x+a} + \frac{1}{x-a}\right) \quad \text{(部分分数展開)}$$
だから
$$\int \frac{dx}{x^2 - a^2} = \frac{-1}{2a}\int \frac{dx}{x+a} + \frac{1}{2a}\int \frac{dx}{x-a}$$
$$= \frac{-1}{2a}\log|x+a| + \frac{1}{2a}\log|x-a| + C$$
$$= \frac{1}{2a}\log\left|\frac{x-a}{x+a}\right| + C$$

これから不定積分を計算するためのいくつかの技法をあげていこう．

定理 2.2 (部分積分法) 関数 $f(x), g(x)$ に対して
$$\int f(x)g'(x)\,dx = f(x)g(x) - \int f'(x)g(x)\,dx$$
である．

証明：積の微分の公式 $(fg)'(x) = f'(x)g(x) + f(x)g'(x)$ から $f(x)g'(x) = (fg)'(x) - f'(x)g(x)$ となり両辺の不定積分をとればよい． ■

この定理を積分 $\int h(x)\,dx$ の計算に応用するには $h(x) = f(x)g'(x)$ となる適切な関数 $f(x), g(x)$ をみつければよい．これは慣れによるところが大きい．

例 2.3 1. $\int xe^x\,dx$

$(xe^x)' = e^x + xe^x$ だから $xe^x = (xe^x)' - e^x$ となり
$$\int xe^x\,dx = xe^x - \int e^x\,dx = xe^x - e^x + C$$
となる．

2. $\int \log x\,dx$

$(x\log x)' = \log x + 1$ だから $\log x = (x\log x)' - 1$, よって
$$\int \log x\,dx = x\log x - \int 1\,dx = x\log x - x + C.$$

3.
$$\int e^x \sin x \, dx$$

これは少し複雑である．$(e^x \cos x)' = e^x \cos x - e^x \sin x$ だから

$$\int e^x \sin x \, dx = -e^x \cos x + \int e^x \cos x \, dx.$$

ここでもう一度部分積分を使うために $(e^x \sin x)' = e^x \sin x + e^x \cos x$ を用いて

$$\int e^x \cos x = e^x \sin x - \int e^x \sin x \, dx.$$

これを上の式に代入して

$$\int e^x \sin x \, dx = -e^x \cos x + (e^x \sin x - \int e^x \sin x \, dx)$$

となり，これを整頓して

$$\int e^x \sin x \, dx = \frac{-e^x \cos x + e^x \sin x}{2} + C$$

となる．

一般に既知の関数の不定積分がまた既知の関数で表されるとは限らない．たとえば，$e^{-x} x^{s-1}$ (s は定数) の不定積分はいままでに習った関数では書けない．

問題 2.1 [A] 次の関数の不定積分を求めよ．また答えを微分して正しいことを確認せよ．

1. (1) $3x^2 + 2x + 1$　(2) $(x+4)(x+3)$　(3) $\dfrac{1}{(x+3)^2}$
   (4) $\dfrac{1}{4x+5}$　(5) $\dfrac{x^2+3x+4}{x+1}$　(6) $\dfrac{1}{x+2}$
   (7) $\sqrt{x}(2x+3)$　(8) $\dfrac{x-2}{\sqrt{x}}$

2. (1) e^{2x}　(2) e^{-2x}　(3) $(e^{2x} - e^{-2x})^2$
   (4) $\sin 3x$　(5) $\cos 2x$

3. (1) $\dfrac{1}{x^2+2}$　(2) $\dfrac{1}{x^2+2x+2}$
   (3) $\dfrac{1}{x^2-x+1}$　(4) $\dfrac{1}{(x+1)(x-2)}$

(5) $\dfrac{x}{(x+a)(x+b)}$ $(a \neq b)$

4. (部分積分法の練習問題)
   (1) $x \log x$ (2) $x^2 \log x$ (3) xe^{2x}
   (4) xe^{-x} (5) $x \cos x$ (6) $x \sin x$

5. 次の不定積分を求めよ．
   (1) $\dfrac{x^2}{x+2}$ (2) $\sin 4x \cos 5x$ (3) $\cos 7x \cos 3x$
   (4) $e^x \cos x$ (5) $e^{-x} \sin 2x$

問題 2.1 [B]

1. $I_n = \displaystyle\int \sin^n x\, dx$ とおくとき，漸化式
$$I_n = -\frac{1}{n} \sin^{n-1} x \cos x + \frac{n-1}{n} I_{n-2} \quad (n=1,2,3,\cdots)$$
を示し，次の不定積分を求めよ．
   (1) $\displaystyle\int \sin^2 x\, dx$ (2) $\displaystyle\int \sin^4 x\, dx$ (3) $\displaystyle\int \sin^5 x\, dx$

2. $I_n = \displaystyle\int \cos^n x\, dx$ とおくとき，漸化式
$$I_n = \frac{1}{n} \cos^{n-1} x \sin x + \frac{n-1}{n} I_{n-2} \quad (n=1,2,3,\cdots)$$
を示し，次の不定積分を求めよ．
   (1) $\displaystyle\int \cos^2 x\, dx$ (2) $\displaystyle\int \cos^4 x\, dx$

2.2 不定積分 II

引き続き不定積分を計算する技法のいろいろな例を挙げよう．応用の広い公式として次のものがある．

定理 2.3 (置換積分法) $f(x)$ の原始関数を $F(x)$ とするとき $\varphi(x)$ が微分可能なら
$$F(\varphi(t)) = \int f(\varphi(t))\varphi'(t)dt \tag{2.1}$$
である．

証明は簡単で合成関数の微分の公式

$$\frac{dF(\varphi(t))}{dt} = F'(\varphi(t))\varphi'(t) = f(\varphi(t))\varphi'(t)$$

から従う.

この定理は次のように使う.

x を t の関数として $x = \varphi(t)$, その逆関数を $t = \psi(x)$ とする. $\dfrac{dx}{dt} = \varphi'(t)$ に注意して形式的な変形 $f(x)\,dx = f(\varphi(t))\varphi'(t)\,dt$ を行い, $\displaystyle\int f(\varphi(t))\varphi'(t)\,dt$ を計算し, そこに $t = \psi(x)$ を代入すれば $F(x) = \displaystyle\int f(x)\,dx$ が求まる. この際, 逆関数 $t = \psi(x)$ から出発することも多く, 逆関数の微分公式 $\dfrac{dx}{dt} \cdot \dfrac{dt}{dx} = 1$ が有用であるが $\psi(x), \varphi(t)$ が狭義単調関数となる区間をはっきりさせておくとよい.

このようなうまい関数 $\varphi(t), \psi(x)$ を見つけるのは経験と勘によるところが大きい. いくつかの例でみた方がわかりやすいだろう.

例 2.4　　1. 置換積分としてよく使われるのは式を簡易化するための 1 次式による変数変換である. $G(x)$ が $g(x)$ の原始関数であるとき $g(ax+b)$ の原始関数は

$$\int g(ax+b)\,dx = \frac{1}{a}G(ax+b) + C \tag{2.2}$$

である. ただし $a \neq 0$ とする.

これは $f(x) = g(ax+b)$, $t = ax+b$ とおくと $f(x)\,dx = g(t)\dfrac{dt}{a}$ となって

$$\int f(x)\,dx = \int g(t)a^{-1}\,dt = a^{-1}G(t) + C = a^{-1}G(ax+b) + C$$

となる.

2. $$\int x\sqrt{x^2+1}\,dx$$

ルートの中を簡単にするつもりで $x^2 + 1 = t$ とおくと $t' = \psi'(x) = 2x$

だから $\dfrac{dx}{dt} = \varphi'(t) = \dfrac{1}{\psi'(x)} = \dfrac{1}{2x}$ となる．
すなわち，
$$x\sqrt{x^2+1}\,dx = x\sqrt{x^2+1}\,\dfrac{dt}{2x} = \dfrac{\sqrt{t}}{2}\,dt$$
を得る．したがって，
$$\int x\sqrt{x^2+1}\,dx = \dfrac{1}{2}\int \sqrt{t}\,dt$$
となって
$$\int x\sqrt{x^2+1}\,dx = \dfrac{1}{2}\int \sqrt{t}\,dt = \dfrac{1}{3}t^{\frac{3}{2}} + C = \dfrac{1}{3}(x^2+1)^{\frac{3}{2}} + C$$
を得た．確かに $\dfrac{1}{3}(x^2+1)^{\frac{3}{2}}$ の微分は $x\sqrt{x^2+1}$ である．

3. e^x の関数の不定積分は $t = e^x$ とおいて置換積分法を使う．$t' = t$ だから置換積分によって
$$\int f(e^x)\,dx = \int \dfrac{f(t)}{t}\,dt\,.$$
右辺が計算できれば，それに $t = e^x$ を代入すればよい．

4. 三角関数については $t = \tan\dfrac{x}{2}$ とおくと
$$\cos^2\dfrac{x}{2} = \dfrac{\cos^2\dfrac{x}{2}}{\sin^2\dfrac{x}{2} + \cos^2\dfrac{x}{2}} = \dfrac{1}{t^2+1}$$
だから
$$\sin x = 2\sin\dfrac{x}{2}\cos\dfrac{x}{2} = 2\tan\dfrac{x}{2}\cos^2\dfrac{x}{2} = \dfrac{2t}{t^2+1}$$
$$\cos x = \cos^2\dfrac{x}{2} - \sin^2\dfrac{x}{2} = \cos^2\dfrac{x}{2}\left(1 - \tan^2\dfrac{x}{2}\right) = \dfrac{1-t^2}{1+t^2}$$
を得る．さらに
$$\dfrac{dt}{dx} = \dfrac{t^2+1}{2}$$
を使って
$$\int f(\sin x, \cos x)\,dx = \int f\left(\dfrac{2t}{1+t^2}, \dfrac{1-t^2}{1+t^2}\right)\dfrac{2}{t^2+1}\,dt$$

となる．例として
$$\int \frac{dx}{1+\sin x}$$
を計算してみよう．
$$\begin{aligned}
\int \frac{dx}{1+\sin x} &= \int \frac{1}{1+\frac{2t}{t^2+1}} \frac{2}{t^2+1} dt \\
&= \int \frac{2}{(t+1)^2} dt \\
&= -\frac{2}{t+1} + C \\
&= -\frac{2}{\tan \frac{x}{2}+1} + C.
\end{aligned}$$

5. $$\int \frac{dx}{\sqrt{x^2+a}}$$
は $t=\sqrt{x^2+a}+x$ とおくとき，$t-x=\sqrt{x^2+a}$ を 2 乗して $x=\dfrac{t^2-a}{2t}$ が得られて
$$\sqrt{x^2+a} = t-x = \frac{t^2+a}{2t}, \quad \frac{dt}{dx} = \frac{x}{\sqrt{x^2+a}}+1 = \frac{2t^2}{t^2+a}$$
である．これらを使って
$$\int \frac{dx}{\sqrt{x^2+a}} = \int \frac{dt}{t} = \log|t| + C = \log|\sqrt{x^2+a}+x| + C$$
である．

6. $$\int \sqrt{x^2+a}\, dx$$
を求めよう．前問と同様の置換積分で
$$\begin{aligned}
\int \sqrt{x^2+a}\, dx &= \int \frac{t^2+a}{2t} \cdot \frac{t^2+a}{2t^2} dt \\
&= \int \left(\frac{t}{4} + \frac{a}{2} \cdot \frac{1}{t} + \frac{a^2}{4} \cdot \frac{1}{t^3} \right) dt \\
&= \frac{t^2}{8} + \frac{a}{2}\log|t| - \frac{a^2}{8}\frac{1}{t^2} + C \\
&= \frac{1}{2}(x\sqrt{x^2+a} + a\log|\sqrt{x^2+a}+x|) + C
\end{aligned}$$

問題 2.2 [A]

1. 置換積分法を使って次の関数の不定積分を求めよ．また答えを微分して正しいことを確認せよ．

   (1) $(3x+4)^4$ (2) $\sqrt{2x-5}$ (3) $x(x^2+4)^3$

   (4) $\dfrac{x}{(x^2+2)^2}$ (5) $\dfrac{x^2}{\sqrt{x^3+7}}$ (6) $\dfrac{1}{x\log x}$

   (7) $e^x\sqrt{e^x+1}$ (8) $\dfrac{e^x}{e^x+1}$ (9) xe^{x^2}

   (10) $(x+1)e^{-(x^2+2x)}$ (11) $\dfrac{\sqrt{x}}{1+\sqrt{x}}$

   (12) $\dfrac{1}{e^x+1}$ (13) $\dfrac{1}{e^x-e^{-x}}$

   (14) $\dfrac{\cos x}{2+\sin x}$ (15) $\cos x \sin^4 x$

   (16) $\dfrac{\sin x}{\sqrt{\cos x}}$

2. 次の不定積分を求めよ．

   (1) $\tan^2 x$ (2) $e^x \cos x$ (3) $\log(x^2+1)$ (4) $\sin x \cdot \log|\sin x|$

問題 2.2 [B]

1. 次の不定積分を求めよ．

   (1) $\sqrt{e^x+1}$ (2) $\sqrt{x}\log(x+2)$ (3) $(x-1)\sqrt{2-x^2}$ (4) $\dfrac{x^2}{x^4+1}$

2. $I_n = \displaystyle\int (x^2+a)^{\frac{n}{2}}\,dx \ (n=1,2,3,\cdots)$ とするとき，次の漸化式の成り立つことを示せ．

$$I_n = \frac{1}{n+1}x(x^2+a)^{\frac{n}{2}} + \frac{n}{n+1}aI_{n-2}.$$

2.3 不定積分 III

さらに不定積分の例をあげよう．

有理式の不定積分を求める場合，それが多項式なら問題なく求められるだろう．しかし，分母に整式が現れる場合は簡単ではない．このときの不定積分を

求める基本的な原理は，2つの有理式を比べた場合，分母の次数が小さい方が扱いやすく，与えられた分母に対しては分子の次数が小さい方がわかりやすいということである．したがって，有理式が与えられたとき，一般的にはまず分母子の次数を下げることを目的として変形する．たとえば，分子の次数が分母の次数以上なら分子を分母で割り，分子の次数を下げることを考える．実際に実行するのはたいへんであるが，実は，理論的には実数係数の多項式は1次式または既約な2次式の積に分解する (**代数学の基本定理**) ことが知られていて，実数係数の有理式は多項式と

$$\frac{A}{(x+a)^n},\quad \frac{Ax}{(x^2+bx+c)^n},\quad \frac{A}{(x^2+bx+c)^n}\quad (A\in\mathbb{R})$$

の形の有理式の和として表されることがわかる．右の2つについては多項式 x^2+bx+c が既約，すなわち $b^2-4c<0$ を仮定している．このとき $x^2+bx+c = t^2 + \sqrt{c-\dfrac{b^2}{4}}^2$ $\left(t=x+\dfrac{b}{2}\right)$ と変数変換しておけば，これらはそれぞれあとで述べる (2.3) や (2.4) と漸化式 (2.5) を使えば基本的に求まる．

たとえば

$$\int \frac{x+2}{x(x^2-1)}dx$$

でみてみよう．まず部分分数展開

$$\frac{1}{(x+a)(x+b)} = \frac{1}{b-a}\left(\frac{1}{x+a} - \frac{1}{x+b}\right)\quad (a\neq b)$$

を繰り返し使って

$$\frac{1}{x(x^2-1)} = \left\{\frac{1}{x(x+1)}\right\}\frac{1}{x-1}$$

$$= \left(\frac{1}{x} - \frac{1}{x+1}\right)\frac{1}{x-1}$$

$$= \frac{1}{x(x-1)} - \frac{1}{(x+1)(x-1)}$$

$$= \left(\frac{1}{x-1} - \frac{1}{x}\right) - \frac{1}{2}\left(\frac{1}{x-1} - \frac{1}{x+1}\right)$$

$$= -\frac{1}{x} + \frac{1}{2(x-1)} + \frac{1}{2(x+1)}$$

だから最終的に
$$\frac{x+2}{x(x^2-1)} = -\frac{x+2}{x} + \frac{x+2}{2(x-1)} + \frac{x+2}{2(x+1)}$$
$$= -\frac{2}{x} + \frac{3}{2(x-1)} + \frac{1}{2(x+1)}$$
となって
$$\int \frac{x+2}{x(x^2-1)} dx = -2\log|x| + \frac{3}{2}\log|x-1| + \frac{1}{2}\log|x+1| + C$$
を得る.

例 2.5 1. 以下有理関数を扱うときの基本的な公式を与えよう.

$a \neq 0$ として
$$ax^2 + bx + c = a\left(x + \frac{b}{2a}\right)^2 + \frac{4ac-b^2}{4a}$$
だから
$$\int \frac{dx}{ax^2+bx+c} = \int \frac{dx}{a(x+\frac{b}{2a})^2 + \frac{4ac-b^2}{4a}}$$
$$= \frac{1}{a}\int \frac{dx}{(x+\frac{b}{2a})^2 + \frac{4ac-b^2}{4a^2}}$$
である. ここで
$$\frac{4ac-b^2}{4a^2} = \begin{cases} A^2 & (4ac-b^2 > 0), \\ -A^2 & (4ac-b^2 < 0) \end{cases}$$
とおくと, 結局
$$\frac{1}{a}\int \frac{dt}{t^2 \pm A^2} \quad \left(t = x + \frac{b}{2a}\right)$$
の形となり $4ac-b^2 < 0$ のときは例 2.2 の 2 から求まり, $4ac-b^2 > 0$ のときは例 2.1 から求まる.

2.
$$\int (x+a)^n \, dx = \begin{cases} \log|x+a| + C & (n=-1), \\ \dfrac{(x+a)^{n+1}}{n+1} + C & (n \neq -1). \end{cases} \tag{2.3}$$

3.
$$\int \frac{x}{(x^2+a^2)^n}\,dx$$

これは $n=1$ のときは

$$\int \frac{x}{x^2+a^2}\,dx = \frac{1}{2}\int \frac{(x^2+a^2)'}{x^2+a^2}\,dx = \frac{1}{2}\log(x^2+a^2) + C$$

である．また $n \neq 1$ のときは $((x^2+a^2)^{1-n})' = (1-n)(x^2+a^2)^{-n}(2x)$ だから

$$(x^2+a^2)^{1-n} = 2(1-n)\int \frac{x}{(x^2+a^2)^n}\,dx$$

となるから

$$\int \frac{x}{(x^2+a^2)^n}\,dx = \frac{(x^2+a^2)^{1-n}}{2(1-n)} + C \qquad (2.4)$$

となる．

4.
$$\int \frac{1}{(x^2+a^2)^n}\,dx \quad (a \neq 0)$$

はややこしく漸化式を導いておくだけにする．$n=1$ のときは例 2.1 で挙げたように

$$\int \frac{1}{x^2+a^2}\,dx = \frac{1}{a}\arctan\frac{x}{a} + C$$

であった．$n \neq 1$ とする．微分して $(x^2+a^2)^{-n}$ が出てくるように見当を付けて

$$(x(x^2+a^2)^{-n})' = (x^2+a^2)^{-n} + x(-n)(x^2+a^2)^{-n-1}(2x)$$
$$= (1-2n)(x^2+a^2)^{-n} + 2na^2(x^2+a^2)^{-n-1}$$

だから

$$\frac{x}{(x^2+a^2)^n} = (1-2n)\int \frac{dx}{(x^2+a^2)^n} + 2na^2\int \frac{dx}{(x^2+a^2)^{n+1}}$$

となり，ここで n を $n-1$ と置き直して変形すれば次の漸化式を得る．

$$\int \frac{dx}{(x^2+a^2)^n}$$

$$= \frac{1}{2(n-1)a^2} \frac{x}{(x^2+a^2)^{n-1}} + \frac{2n-3}{(2n-2)a^2} \int \frac{dx}{(x^2+a^2)^{n-1}} + C. \tag{2.5}$$

5. 対数積分の例を挙げよう．対数積分とは
$$\int \frac{f'(x)}{f(x)} \, dx = \log|f(x)| + C$$
であった．
$$\int \frac{x^2}{x^3+1} \, dx$$
これは $(x^3+1)' = 3x^2$ だから，
$$\int \frac{x^2}{x^3+1} \, dx = \frac{1}{3} \int \frac{(x^3+1)'}{x^3+1} \, dx = \frac{1}{3} \log|x^3+1| + C.$$

6. $\displaystyle \int \tan x \, dx = \int \frac{\sin x}{\cos x} \, dx = -\int \frac{(\cos x)'}{\cos x} \, dx = -\log|\cos x| + C.$

問題 2.3 [A] 以下の問いにおいては，答えを微分して正しいことも確認せよ．
1. 部分分数を用いて次の積分を求めよ．
   (1) $\displaystyle \int \frac{dx}{x^2-1}$
   (2) $\displaystyle \int \frac{dx}{x(x+1)}$
   (3) $\displaystyle \int \frac{dx}{x^2(x+2)}$
2. 次の積分を求めよ．
   (1) $\displaystyle \int \frac{dx}{\sin x}$
   (2) $\displaystyle \int \frac{dx}{\cos x}$
   (3) $\displaystyle \int \sqrt{1+\sin x} \, dx$
   (4) $\displaystyle \int \sqrt{1+\cos x} \, dx$
3. 次の不定積分を求めよ．
   (1) $\displaystyle \frac{1}{1+\cos x}$
   (2) $\displaystyle \frac{1}{e^{3x}+4}$
   (3) $\sqrt{e^x+1}$
   (4) $\displaystyle \log \frac{x-3}{x+3}$
   (5) $\displaystyle \frac{1}{x^3+1}$
   (6) $\displaystyle \frac{\sin x}{1+\sin x}$
   (7) $x^2 e^{ax} \ (a \neq 0)$

問題 2.3 [B]

1. (1) 不定積分
$$\int F(x, \sqrt{Ax^2 + Bx + C})\,dx \ (A \neq 0)$$
は (イ) $\int R(x, \sqrt{x^2 + c})\,dx$ または (ロ) $\int R(x, \sqrt{a^2 - x^2})\,dx$ の形の不定積分になることを示せ．
   (2) (イ) の場合は $t = x + \sqrt{x^2 + c}$ によって $x, \sqrt{x^2 + c}$ は t の有理式で表されることを示せ，また (ロ) の場合は $t = \sqrt{\dfrac{a-x}{a+x}}$ $(-a < x < a)$ によって $x, \sqrt{a^2 - x^2}$ は t の有理式で表されることを示せ．

2. 次の不定積分を求めよ．
   (1) $\dfrac{1}{(x+2)\sqrt{x^2 - 5}}$ (2) $\dfrac{1}{x\sqrt{1 - x^2}}$

2.4 定積分 I

　古来，人々は三角形からはじまって円や放物線と直線で囲まれる部分の面積，球の体積などのいろいろな図形の面積や体積を具体的に求めることに興味を示し，図形に応じたいろいろな方法を考え出した．たとえば，円の面積であれば内接正多角形あるいは外接正多角形で近似する，あるいはアルキメデスによる放物線と直線で囲まれるパラボラとある三角形の面積の比を求めてパラボラの面積を求めるなど元の図形の特性を生かした興味ある方法がある．しかしこれらは個々の図形によっているため汎用性があるとはいい難く，現在では図形を小さな長方形や直方体で近似するリーマン積分と呼ばれる方法が普通である．その方法を説明しよう．

　次のような閉区間 $[a, b]$ での曲線 $y = f(x)$ と直線 $x = a, x = b$ と x 軸とで囲まれた図形の面積を求めたい．ただし，x 軸より下の部分は通常の面積をマイナスにした符号つき面積を考える．したがって，曲線 $y = f(x)$ が x 軸より上にあれば通常の面積で，逆に x 軸より下にあれば通常の面積をマイナスにしたものである．

2.4 定積分 I

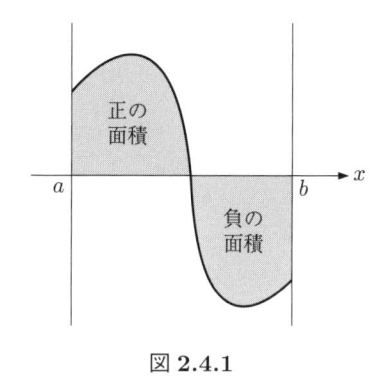

図 2.4.1

図形を棒グラフで近似してやればその棒グラフの面積で求める面積が近似できると考えられる．

図 2.4.2 のように区間 $[a,b]$ を n 等分し，それらを底辺とする長方形で x 軸より下なら (または上なら) 長方形がその図形を含むように (または含まれるように) とり，これらの長方形の面積の和を考えると区間 $[a,b]$ の分割を細かくしていけばこれらの長方形の和が求める面積にどんどん近づくであろう．

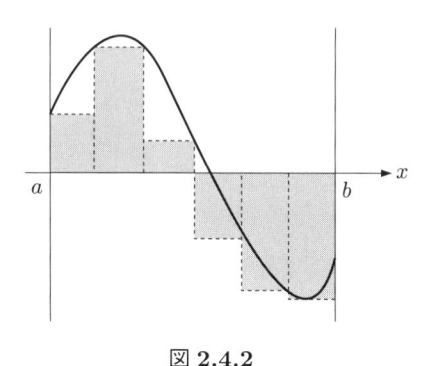

図 2.4.2

同様に図 2.4.3 のように上から近似してもよいだろう．これらを数式で表すと

$$t_i = a + \frac{b-a}{n} i \quad (i = 0, \cdots, n) \tag{2.6}$$

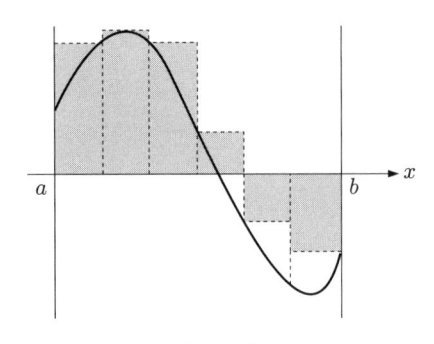

図 2.4.3

とおくと

$$a = t_0 < t_1 < \cdots < t_n = b, \quad t_{i+1} - t_i = \frac{b-a}{n}$$

で

$$M_i = \max_{t_i \leqq x \leqq t_{i+1}} f(x), \quad m_i = \min_{t_i \leqq x \leqq t_{i+1}} f(x) \quad (i = 0, \cdots, n-1) \qquad (2.7)$$

とおくと図 2.4.3 または図 2.4.2 に対応する長方形の面積の和はそれぞれ次の S_n^+, S_n^- である.

$$S_n^+ = \sum_{i=0}^{n-1} \frac{b-a}{n} M_i, \quad S_n^- = \sum_{i=0}^{n-1} \frac{b-a}{n} m_i \quad (i = 0, \cdots, n-1) \qquad (2.8)$$

したがって, 求める面積 S は分割をどんどん細かくしていった極限と考えられるから

$$S = \lim_{n \to \infty} S_n^+ = \lim_{n \to \infty} S_n^- \qquad (2.9)$$

である.

実は関数 $f(x)$ によっては $\lim_{n \to \infty} S_n^+ \neq \lim_{n \to \infty} S_n^-$ となる場合もある. たとえば区間 $[0,1]$ で x が無理数なら 1, 有理数なら 0 という値をとる, 図の描けない関数を考えると常に $M_i = 1, m_i = 0$ だから $S_n^+ = 1, S_n^- = 0$ である. しかし, $f(x)$ が連続ならば確かに (2.9) が成り立つことが知られている. 証明には極限や連続の厳密な定義 (大黒柱 I,II) が必要である. この符号つき面積 S を関

数 $f(x)$ の区間 $[a,b]$ での**定積分**といい，

$$\int_a^b f(x)\,dx$$

と表す[2]．

特に $f(x)$ が値 c をとる定数関数なら $\int_a^b f(x)\,dx = c(b-a)$ である．

ここで変数として x を使ったが s,t,u,v,y などもよく使われる（しかし a,b,c,d などは定数を表すのに使い，変数には使わないのが普通である）．たとえば

$$\int_a^b f(x)\,dx = \int_a^b f(s)\,ds = \int_a^b f(t)\,dt = \cdots$$

である．

関数 $f(x)$ が $[a,b]$ で連続とし，$a \leqq x \leqq b$ となる x に対して a から x までの定積分 $\int_a^x f(t)\,dt$ を $F(x)$ で表すとき，

$$F'(x) = f(x)$$

をみよう．

それにはたとえば図 2.4.4 のような場合，$F(x+h) - F(x)$ は ① の部分の

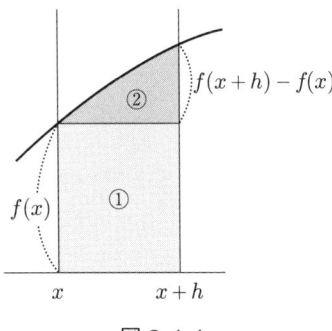

図 2.4.4

---

[2] というより定積分でもって面積の定義とする．

面積 $hf(x)$ と ② の部分の面積の和であることに注意すると,
$$\frac{F(x+h)-F(x)}{h} = f(x) + \frac{② の面積}{h}$$
であり, 図 2.4.4 の場合, ② の面積は $h(f(x+h)-f(x))$ でおさえられるから
$$\left|\frac{F(x+h)-F(x)}{h} - f(x)\right| \leqq |f(x+h)-f(x)| \to 0 \quad (h \to 0)$$
となり, $F'(x) = f(x)$ がわかる. したがって, 合成関数の微分法を使えば $F(g(x))$ の微分は $f(g(x))g'(x)$ である.

まとめて次の定理がわかった.

定理 2.4 関数 $f(x)$ は区間 $[a,b]$ で連続とし,
$$t_i = a + \frac{b-a}{n}i \quad (i=0,\cdots,n-1)$$
とおくとき, $t_i \leqq v_i \leqq t_{i+1}$ となる v_i を勝手にとり
$$S_n(x) = \sum_{j=0}^{i-1} f(v_j)\frac{b-a}{n} + f(v_i)(x-t_i) \quad (t_i \leqq x \leqq t_{i+1}) \tag{2.10}$$
とおくと定積分
$$F(x) = \int_a^x f(t)\,dt = \lim_{n\to\infty} S_n(x) \tag{2.11}$$
は $f(x)$ の原始関数である.

ここで v_i などというのが出てきたが $m_i = \min_{t_i \leqq x \leqq t_{i+1}} f(x) \leqq v_i \leqq M_i = \max_{t_i \leqq x \leqq t_{i+1}} f(x)$ だから $S_n^-(x) \leqq S_n(x) \leqq S_n^+(x)$ になっており,
$$F(x) = \lim_{n\to\infty} S_n^- \leqq \lim_{n\to\infty} S_n \leqq \lim_{n\to\infty} S_n^+ = F(x)$$
だから問題はない.

また $F(a) = 0$ に注意すると,
$$\int_a^b f(t)\,dt = F(b) - F(a)$$

であり，$f(x)$ の別の原始関数 $F_1(x)$ に対しても $F_1(x) = F(x) + C$ となる定数 C があるから

$$\int_a^b f(t)\,dt = F_1(b) - F_1(a)$$

となっている．また $F(b) - F(a)$ を $[F(x)]_a^b$ とも書く．したがって，t を x に変えて連続関数 $f(x)$ の原始関数を $F(x)$ とすると

$$\int_a^b F'(x)\,dx = \int_a^b f(x)\,dx = [F(x)]_a^b = F(b) - F(a) \tag{2.12}$$

である．

定積分を定義するのに (2.6) のように区間 $[a,b]$ を n 等分したが，数直線を幅 $\dfrac{1}{n}$ の区間 $\left[\dfrac{k}{n}, \dfrac{k+1}{n}\right]$ の和に分け底辺を $\left[\dfrac{k}{n}, \dfrac{k+1}{n}\right]$ とする長方形で近似してもよい．すなわち，区間 $[a,b]$ での連続関数 f に対し v_k を区間 $\left[\dfrac{k}{n}, \dfrac{k+1}{n}\right] \cap [a,b]$ の任意の点として

$$\int_a^b f(x)\,dx = \lim_{n \to \infty} \sum_k \frac{f(v_k)}{n}$$

である．ただし，k は整数を動く．

また $[a,b]$ で常に $f(x) \geqq 0$ のとき，連続関数 $f(x)$ による曲線 $y = f(x)$ と直線 $x = a$, $x = b$ と x 軸で囲まれる部分 D の面積 $\displaystyle\int_a^b f(x)\,dx$ は上のように底辺が区間 $\left[\dfrac{k}{n}, \dfrac{k+1}{n}\right]$ で高さ $f(v_i)$ の長方形をさらに高さ $\dfrac{1}{n}$ で再分割した面積 $\dfrac{1}{n^2}$ の小正方形

$$\left\{(x,y) \;\middle|\; \frac{k}{n} \leqq x \leqq \frac{k+1}{n},\; \frac{h}{n} \leqq y \leqq \frac{h+1}{n}\right\} \quad (k,h : \text{整数})$$

の和集合で D を近似したと考えれば，それらの小正方形たちの集まりである多角形の面積を $n \to \infty$ としたときの極限が D の面積でもある[3]．

---

[3] この教科書では領域 D は小正方形の集まりで辺の長さを小さくしていけば，それら小正方形の集まりで D がいくらでも近似できるものしか考えない．そうでない場合は別の積分論が必要となる．

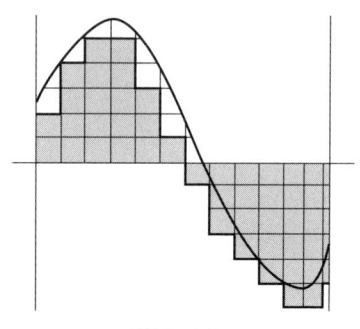

図 2.4.5

ここまでのことを厳密に証明するには数列の極限と連続の厳密な定義 (大黒柱 I,II) を使って上の議論を検証することが必要である．

いままでは区間 $[a,b]$ で考え $a<b$ を当然としたが $a>b$ のときには
$$\int_a^b f(x)\,dx = -\int_b^a f(x)\,dx$$
と約束する．また $a=b$ のときは
$$\int_a^b f(x)\,dx = 0$$
とする．このときも (2.12) は成立している．

区間 $[a,b]$ で $f(x)$ が必ずしも連続ではない場合でも，$a=c_0<\cdots<c_\ell=b$ として各開区間 (c_i,c_{i+1}) で $f(x)$ が連続で
$$\lim_{\substack{x>c_i,\\ x\to c_i}} f(x) \;\;や\;\; \lim_{\substack{x<c_i,\\ x\to c_i}} f(x) \;\;がともに存在する \qquad (2.13)$$
なら区間 $[a,b]$ を (2.6) のように分割するとき，(2.8) において $\ell+1$ 個の点 c_i を含む $\ell+1$ 個の小長方形たちとそれ以外の和に分けて考えれば，n が大きくなっていくとき個々の小長方形の面積は 0 に近づくから前者の和は 0 に近づき
$$\int_a^b f(x)\,dx = \sum_{i=0}^{\ell-1} \int_{c_i}^{c_{i+1}} f(x)\,dx$$
と区間 $[a,b]$ での積分は各小区間 $[c_i,c_{i+1}]$ での積分の和になる．

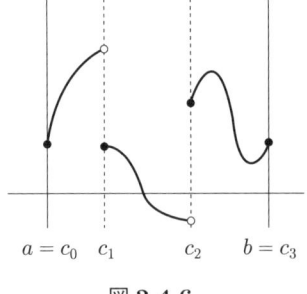

図 **2.4.6**

ここで上の条件 (2.13) を無視して形式的な計算
$$\int_{-1}^{1} \frac{dx}{x^2} = \left[-\frac{1}{x}\right]_{-1}^{1} = -2 \quad (間違い)$$
をしてはいけない．これは区間 $[-1,1]$ を $c_0 = -1, c_1 = 0, c_2 = 1$ と分けても $\lim_{x \to c_1} \frac{1}{x^2} (= \infty)$ は存在しないから条件 (2.13) が満たされないからである．

また，たとえば
$$f(x) = \begin{cases} 0 & (0 \leqq x < 1), \\ 1 & (1 \leqq x \leqq 2) \end{cases}$$
とすると $t \geqq 1$ なら
$$\int_0^t f(x)\,dx = \int_0^1 f(x)\,dx + \int_1^t f(x)\,dx = \int_1^t f(x)\,dx$$
だから
$$\int_0^t f(x)\,dx = \begin{cases} 0 & (0 \leqq t \leqq 1), \\ t-1 & (1 \leqq t \leqq 2) \end{cases}$$
となる．この関数を $F(x)$ とおくと
$$F'(x) = \begin{cases} 0 & (0 \leqq x < 1), \\ 1 & (1 < x \leqq 2) \end{cases}$$
で $F'(x) = f(x)$ $(x \neq 1)$ あるが $F'(1)$ は存在せず $x = 1$ で微分可能ではない．したがって，連続関数は積分したものを微分すればもとに戻るが，一般にはそ

うではない．

問題 2.4 [A]
1. 次の定積分はある領域の面積である．どのような領域かを図示し，その面積を求めよ．

   (1) $\displaystyle\int_0^3 x\,dx$　　　　(2) $\displaystyle\int_{-1}^1 2\,dx$

   (3) $\displaystyle\int_0^1 e^x\,dx$　　　　(4) $\displaystyle\int_1^2 \frac{1}{x}\,dx$

   (5) $\displaystyle\int_0^\pi \sin x\,dx$　　　　(6) $\displaystyle\int_{-1}^2 (x^2+3x+4)\,dx$

2. 次の定積分を求めよ．

   (1) $\displaystyle\int_{-1}^3 \sqrt{2x+3}\,dx$　　(2) $\displaystyle\int_0^3 \frac{1}{x^2+9}\,dx$　　(3) $\displaystyle\int_0^2 \frac{1}{2x+7}\,dx$

   (4) $\displaystyle\int_{-1}^1 \sqrt[3]{x^2}\,dx$　　(5) $\displaystyle\int_{-10}^0 e^{3x}\,dx$　　(6) $\displaystyle\int_0^{99} \frac{1}{(x+2)^2}\,dx$

   (7) $\displaystyle\int_0^{2\pi} \sin^2 x\,dx$　　(8) $\displaystyle\int_0^1 \frac{1}{(2x+1)^2}\,dx$　(9) $\displaystyle\int_0^1 \frac{x^3+x^2}{x^2+1}\,dx$

問題 2.4 [B] 次の定積分を求めよ．

   (1) $\displaystyle\int_0^2 \frac{dx}{x+\sqrt{x+2}}$　　(2) $\displaystyle\int_0^2 \sqrt{x(2-x)}\,dx$　　(3) $\displaystyle\int_0^1 \tan^{-1} x\,dx$

2.5　定積分 II

定積分を使わずに素直に面積の計算ができたのは三角形と円だけといってよい．これらに対して前節での面積のとらえ方が適切であることを例 2.6, 2.7, 2.8 でみたのち，いくつかの補足をする．

例 2.6　まず長方形でみてみよう．$f(x) = c$（c は正数）とすると (2.10) で $S_n(x) = c(x-a)$ となり，また

$$\int_a^b c\,dx = c(b-a)$$

だから，定積分による面積と通常の面積は確かに一致している．

例 2.7 次の図 2.5.1 の斜線部分の三角形の符号つき面積 S を 3 種類の方法で求めてみよう．

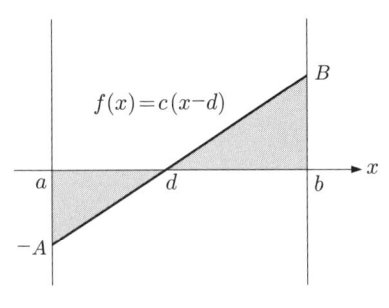

図 **2.5.1**

図のように
$$f(x) = c(x-d), \quad -A = f(a) < 0 < B = f(b)$$
とする．

(a) 三角形の面積は「底辺の長さ」×「高さ」÷ 2 だから
$$S = -\frac{1}{2}(d-a)A + \frac{1}{2}(b-d)B = \frac{c}{2}\{(b-d)^2 - (a-d)^2\}$$
である．

(b) $f(x)$ の不定積分 $F(x) = \dfrac{c}{2}(x-d)^2$ を使って
$$\int_a^b f(x)\,dx = [F(x)]_a^b = \frac{c}{2}\{(b-d)^2 - (a-d)^2\}$$
と (a) と同じ値になる．

(c) 最後に定積分の定義にしたがって計算してみよう．
$$t_i = a + \frac{b-a}{n}i \quad (i = 0, \cdots, n)$$
とおくと
$$m_i = \min_{t_i \leqq x \leqq t_{i+1}} f(x) = f(t_i) = c(a-d) + c(b-a)\frac{i}{n} = -A + c(b-a)\frac{i}{n}$$
である．
$$S_n^-(b) = \sum_{i=0}^{n-1} m_i(t_{i+1} - t_i)$$

$$= \sum_{i=0}^{n-1} \left\{ -A + c(b-a)\frac{i}{n} \right\} \frac{b-a}{n}$$

$$= -A(b-a) + \frac{c(b-a)^2}{n^2} \sum_{i=0}^{n-1} i$$

$$= -A(b-a) + \frac{c(b-a)^2}{n^2} \frac{n(n-1)}{2}$$

となる．ここで n を大きくすれば

$$\lim_{n\to\infty} S_n^-(b) = -A(b-a) + \frac{c(b-a)^2}{2}$$

$$= c(a-d)(b-a) + \frac{c(b-a)^2}{2} = \frac{c}{2}\{(b-d)^2 - (a-d)^2\}$$

となる．確かに三種類の異なる方法で計算した符号つき面積はすべて一致した．

例 2.8 次に円の面積を計算してみよう．原点を中心とし半径 1 の円 $x^2+y^2=1$ を考えると $y \geqq 0$ の部分の 2 倍だから

$$2\int_{-1}^{1} \sqrt{1-x^2}\,dx = \pi$$

のはずである．

$$2\int \sqrt{1-x^2}\,dx = x\sqrt{1-x^2} + \sin^{-1} x + C$$

だから (右辺を微分してみよ)，確かに

$$2\int_{-1}^{1} \sqrt{1-x^2}\,dx = \left[x\sqrt{1-x^2} + \sin^{-1} x \right]_{-1}^{1} = \pi$$

となっている．

例 2.9 図のように放物線 $y=x^2$ とその上の点 $\mathrm{A}(a,a^2)$, $\mathrm{B}(b,b^2)$ とで作られるパラボラの面積 S は台形 ACDB から放物線と x 軸とのなす図形の面積を引いたものだから

$$S = \int_a^b \left\{ \frac{b^2-a^2}{b-a}(x-a) + a^2 \right\} dx - \int_a^b x^2\,dx = \frac{(b-a)^3}{6}$$

図 2.5.2

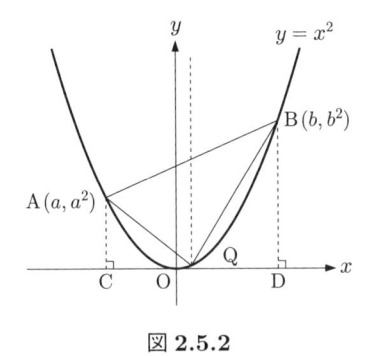

である．一方，線分 AB の中点を通り放物線の軸である y 軸に平行な直線が $y = x^2$ と交わる点を Q とすると Q $= \left(\dfrac{a+b}{2}, \left(\dfrac{a+b}{2}\right)^2\right)$ であり三角形 AQB の面積を計算すると $\dfrac{(b-a)^3}{8}$ で三角形とパラボラの比は $\dfrac{3}{4}$ である．アルキメデスはこの比を天秤の釣り合いの考え方を図形に応用して求め，逆にパラボラの面積を求めている．

例 2.10 (区分求積法)　定義あるいは定理 2.4 に含まれているが応用上も重要なので再掲する．

区間 $[a,b]$ で連続な関数 $f(x)$ に対して

$$\lim_{n\to\infty} \sum_{j=0}^{n-1} \frac{b-a}{n} f\left(a + \frac{b-a}{n}j\right) = \int_a^b f(x)\, dx \tag{2.14}$$

である．
　たとえば m を非負整数とすると $f(x) = x^m$ は区間 $[0,1]$ ($a=0, b=1$) で連続だから

$$\frac{1}{n^{m+1}} \sum_{j=0}^{n-1} j^m = \frac{1}{n} \sum_{j=0}^{n-1} \left(\frac{j}{n}\right)^m \to \int_0^1 x^m dx = \frac{1}{m+1} \quad (n \to \infty)$$

である．実は $\displaystyle\sum_{j=0}^{n-1} j^m$ は n について $m+1$ 次の多項式であることが知られていて上の結果はその最高次の係数が $(m+1)^{-1}$ であることを示している．

このように (2.14) の左辺の極限を求めるために右辺の積分を利用できるが，逆の利用法もある．一般には積分が具体的に求まることはまれで，応用上は積分の近似値がわかれば十分ということも多い．そのために左辺の極限表示を使うと，たとえば $\int_0^1 \frac{dx}{x^2+1} = [\tan^{-1} x]_0^1 = \frac{\pi}{4}$ を考えると $\frac{\pi}{4} = 0.7853\cdots$ であり，(2.14) の左辺の有限和は $n = 10$ のとき $0.8099\cdots$，$n = 100$ のとき $0.7878\cdots$ となる．この例でみるように，このままではあまり精度はよくなくいろいろな工夫がなされていて，代表的なものにシンプソンの公式と呼ばれるものがある．

例 2.11 以下，定積分の性質を列挙する．実数 a, b に対し関数 $f(x), g(x)$ は $[a, b]$ ($a < b$ のとき) または $[b, a]$ ($b < a$ のとき) で連続とする．

1. $\int_a^b c\,dx = c(b-a)$
2. $\int_a^b (f(x) + g(x))\,dx = \int_a^b f(x)\,dx + \int_a^b g(x)\,dx$
3. $\int_a^b cf(x)\,dx = c \int_a^b f(x)\,dx$
4. $\int_a^b f(x)\,dx = \int_a^c f(x)\,dx + \int_c^b f(x)\,dx$
5. $a < b$ とし $x \in [a, b]$ で $f(x) \leqq g(x)$ なら
$$\int_a^b f(x)\,dx \leqq \int_a^b g(x)\,dx$$

これらについては (2.10),(2.11) を使えばよい．5 については $g(x) - f(x) \geqq 0$ だから $\int_a^b (g(x) - f(x))\,dx$ は曲線 $y = g(x) - f(x)$ と x 軸とで囲まれる x 軸より上にある図形の面積だから正または 0 であるといってもよい．

問題 2.5 [A]

1. 次の数列の極限値を求めよ．
   (1) $\frac{1}{n} \left(\sin \frac{\pi}{n} + \sin \frac{2\pi}{n} + \cdots + \sin \frac{n\pi}{n} \right)$
   (2) $\frac{1}{n} \left(\sqrt{\frac{1}{n}} + \sqrt{\frac{2}{n}} + \cdots + \sqrt{\frac{n}{n}} \right)$

(3) $\dfrac{1}{n+1} + \dfrac{1}{n+2} + \cdots + \dfrac{1}{n+n}$

(4) $\dfrac{1}{n}(n!)^{\frac{1}{n}}$

(5) $\dfrac{1}{\sqrt{n^2}} + \dfrac{1}{\sqrt{n^2+1^2}} + \cdots + \dfrac{1}{\sqrt{n^2+(n-1)^2}}$

2. 次の定積分を求めよ[4]．ただし m, n は非負整数とする．

(1) $\displaystyle\int_0^{2\pi} \cos^2 mx\, dx$ 　　(2) $\displaystyle\int_0^{2\pi} \sin^2 mx\, dx$

(3) $\displaystyle\int_0^{2\pi} \cos mx \cos nx\, dx \quad (m \neq n)$ 　(4) $\displaystyle\int_0^{2\pi} \cos mx \sin nx\, dx$

(5) $\displaystyle\int_0^{2\pi} \sin mx \sin nx\, dx \quad (m \neq n)$

3. 不等式 $x^2 + y^2 \leqq 2$, $x \geqq y^2$ を満たす領域の面積を求めよ．

4. 曲線 $(x-y)^2 = 2x$ の概形をかき，この曲線と x 軸とで囲まれる部分の面積を求めよ．

5. a を正の実数として，$C_1 : y = x^2$, $C_2 : y = x^2 - 2ax + a(a+1)$ とする．また，C_1, C_2 の両方に接する直線を ℓ とする．このとき，C_1, C_2, ℓ で囲まれた図形の面積 S を求めよ．

問題 2.5 [B]

1. n を非負整数とする．
$$I_n = \int_0^{\frac{\pi}{2}} \sin^n x\, dx$$
とおくとき，次を示せ．

(1) $I_n = \displaystyle\int_0^{\frac{\pi}{2}} \cos^n x\, dx$

(2) $I_n = \dfrac{n-1}{n} I_{n-2} \quad (n \geqq 2), \quad \displaystyle\lim_{n \to \infty} \dfrac{I_{2n+1}}{I_{2n}} = 1.$

(3) $I_n = \dfrac{(n-1)!!}{n!!} \times \left\{ \begin{array}{ll} \dfrac{\pi}{2} & (n \text{ は偶数}), \\ 1 & (n \text{ は奇数}), \end{array} \right.$

---

[4] これらの関係式はフーリエ級数の理論の基礎である．

ただし，
$$n!! = \begin{cases} n(n-2)(n-4)\cdots 4\cdot 2 & (n \text{ は偶数}), \\ n(n-2)(n-4)\cdots 3\cdot 1 & (n \text{ は奇数}) \end{cases}$$
とおく．

(4) **ウォリスの公式**と呼ばれる次の公式を示せ．
$$\pi = 2 \cdot \frac{2\times 2}{1\times 3} \cdot \frac{4\times 4}{3\times 5} \cdot \frac{6\times 6}{5\times 7} \cdots$$

2. $|x| < 1$ のとき，
$$\frac{1}{1+x^2} = 1 - x^2 + x^4 - x^6 + \cdots.$$
である．両辺を $[0,1]$ で積分して，次を示せ．
$$\frac{\pi}{4} = 1 - \frac{1}{3} + \frac{1}{5} - \frac{1}{7} + \cdots.$$

2.6 定積分 III

不定積分のところで述べた部分積分法，置換積分法は定積分の計算においても役立つ．

定理 2.5 (部分積分法) 関数 $f(x), g(x)$ を区間 (A, B) で連続かつ微分可能とする．このとき $A < a < b < B$ とすると
$$\int_a^b f'(x)g(x)\,dx = [f(x)g(x)]_a^b - \int_a^b f(x)g'(x)\,dx \tag{2.15}$$
が成り立つ．

証明：積の微分の公式を用いて $f'g = (fg)' - fg'$ だから
$$\begin{aligned}
\int_a^b f'(x)g(x)\,dx &= \int_a^b ((fg)' - fg')\,dx \\
&= \int_a^b (f(x)g(x))'\,dx - \int_a^b f(x)g'(x)\,dx \\
&= [f(x)g(x)]_a^b - \int_a^b f(x)g'(x)\,dx
\end{aligned}$$
を得る． ∎

例 2.12 1. $(x\cos x)' = \cos x - x\sin x$ を用いて $x\sin x = -(x\cos x)' + \cos x$ だから
$$\int_0^\pi x\sin x\, dx = -[x\cos x]_0^\pi + \int_0^\pi \cos x\, dx = \pi + [\sin x]_0^\pi = \pi$$

2. $(xe^x)' = e^x + xe^x$ だから $xe^x = (xe^x)' - e^x$ となり
$$\int_0^1 xe^x\, dx = [xe^x]_0^1 - \int_0^1 e^x\, dx = e - [e^x]_0^1 = 1$$

定理 2.6 (置換積分法) $f(t)$ が連続関数，$\varphi(t)$ が微分可能で φ' が連続とすると
$$\int_{\varphi(a)}^{\varphi(b)} f(x)\, dx = \int_a^b f(\varphi(t))\varphi'(t)\, dt \tag{2.16}$$
である．

証明：$F(x)$ を $f(x)$ の原始関数とすると，合成関数の微分法から
$$F(\varphi(t))' = F'(\varphi(t))\varphi'(t) = f(\varphi(t))\varphi'(t)$$
となり，(2.12) を用いて
$$\int_a^b f(\varphi(t))\varphi'(t)\, dt = [F(\varphi(t))]_a^b = F(\varphi(b)) - F(\varphi(a)) = \int_{\varphi(a)}^{\varphi(b)} f(x)\, dx$$
を得る． ∎

これは $x = \varphi(t)$ とおいて $\dfrac{dx}{dt} = \varphi'(t)$ を形式的に $dx = \varphi'(t)dt$ と変形して (2.16) の左辺に代入してよいことを示している．積分域については定理にあるように a, b や $\varphi(a), \varphi(b)$ の大小関係は問わない．

しかし定理のように $x = \varphi(t)$ の代わりにその逆関数 $t = \psi(x)$ から出発するときは気をつけないといけない．

次の例を考えよう．
$$\int_{-1}^1 x^2\, dx = \left[\frac{x^3}{3}\right]_{-1}^1 = \frac{2}{3}$$

を，置換積分 $t = \psi(x) = x^2$ を使って計算するなら ψ が狭義単調減少な区間 $[-1, 0]$ と狭義単調増加な区間 $[0, 1]$ に分けてその逆関数 φ を

$$x = \varphi(t) = \begin{cases} -\sqrt{t} & (\text{区間 } [-1, 0] \text{ 上で}) \\ \sqrt{t} & (\text{区間 } [0, 1] \text{ 上で}) \end{cases}$$

と求め，$\dfrac{dt}{dx} = 2x$, すなわち $x^2 dx = 2^{-1} x\, dt$ を使って

$$\int_{-1}^{1} x^2\, dx = \int_{-1}^{0} x^2\, dx + \int_{0}^{1} x^2\, dx$$

$$= 2^{-1} \int_{\psi(-1)}^{\psi(0)} -\sqrt{t}\, dt + 2^{-1} \int_{\psi(0)}^{\psi(1)} \sqrt{t}\, dt$$

$$= -3^{-1} \left[t^{\frac{3}{2}} \right]_{1}^{0} + 3^{-1} \left[t^{\frac{3}{2}} \right]_{0}^{1} = \frac{2}{3}$$

としなければならない．

これを逆関数が定義できる区間に分割することを忘れて，x の区間 $[-1, 1]$ の両端 $-1, 1$ に対応する t の値は共に 1 だから，1 から 1 への積分として答えは 0 などとしてはいけない．

例 2.13　1.　定理で特に $\varphi(t) = ct + d\ (c \neq 0)$ のときはよく使われる．(2.16) の右辺は

$$\int_{a}^{b} f(ct + d) c\, dt$$

だから

$$\int_{a}^{b} f(ct + d)\, dt = \frac{1}{c} \int_{ca+d}^{cb+d} f(x)\, dx$$

となる．

2.　前に円の面積 $2\displaystyle\int_{-1}^{1} \sqrt{1 - x^2}\, dx$ を $\sqrt{1 - x^2}$ の不定積分を使って求めたが置換積分法で求めてみよう．そのために $x = \cos t$ とおくと $\sqrt{1 - x^2} = |\sin t|$ である．$x = -1 = \cos \pi$, $x = 1 = \cos 0$ だから，

$$\int_{-1}^{1} \sqrt{1 - x^2}\, dx = \int_{\pi}^{0} |\sin t|(-\sin t)\, dt = \int_{0}^{\pi} \frac{1 - \cos 2t}{2}\, dt$$

$$= \frac{\pi}{2} - \frac{1}{2}\left[\frac{\sin 2t}{2}\right]_0^\pi = \frac{\pi}{2}$$

を得る．ここで半角の公式 $\sin^2 t = \dfrac{1-\cos 2t}{2}$ を用いた．

3. $$\int_0^1 x\sqrt{1-x}\,dx = \frac{4}{15}$$

証明：$\sqrt{1-x} = t\ (\geqq 0)$ とおく．$x = \varphi(t) = 1 - t^2$ より $\dfrac{dx}{dt} = -2t$ である．$\varphi(0) = 1,\ \varphi(1) = 0$ に注意して $\sqrt{1-x} = t$ だから

$$\int_0^1 x\sqrt{1-x}\,dx = \int_1^0 (1-t^2)t(-2t)\,dt = -2\int_1^0 (t^2 - t^4)\,dt$$

$$= -2\left[\frac{1}{3}t^3 - \frac{1}{5}t^5\right]_1^0 = \frac{2}{3} - \frac{2}{5} = \frac{4}{15}$$

となる．

いままでは有界な閉区間での定積分を考えてきたが，必ずしもそうでない場合にも積分域を有界な閉区間で近似していき，その極限があればその値で定積分を定義する．それを**広義積分**という．たとえば，$(a, b]$ で定義された関数 $f(x)$ に対し

$$\int_a^b f(x)\,dx = \lim_{\substack{\varepsilon > 0, \\ \varepsilon \to 0}} \int_{a+\varepsilon}^b f(x)\,dx$$

あるいは $(0, \infty)$ で定義された関数 $f(x)$ に対し

$$\int_0^\infty f(x)\,dx = \lim_{\substack{a>0, a \to 0 \\ b \to \infty}} \int_a^b f(x)\,dx$$

など．

例 2.14　　1.　$\sin x$ は $x \geqq 0$ で連続関数だが $\displaystyle\int_0^\infty \sin x\,dx$ は存在しない．なぜなら，$\displaystyle\int \sin x\,dx = -\cos x$ だから整数 n に対しては

$$\int_0^{2n\pi} \sin x\,dx = 0,\ \int_0^{(2n+1)\pi} \sin x\,dx = 2$$

となる．$\lim_{b\to\infty}\int_0^b \sin x\,dx$ は存在しない．

2. 関数 $f(x) = x^{-c}$ を $[a,b]$ $(a>0)$ で考えると

$$\int_a^b x^{-c}\,dx = \begin{cases} \left[\dfrac{x^{-c+1}}{-c+1}\right]_a^b = \dfrac{b^{-c+1} - a^{-c+1}}{-c+1} & (c \neq 1), \\ [\log x]_a^b = \log b - \log a & (c = 1) \end{cases}$$

だから $\int_1^\infty x^{-c}\,dx = \lim_{b\to\infty}\int_1^b x^{-c}\,dx$ が存在するのは $c > 1$ のときに限り，その値は $\dfrac{1}{c-1}$ である．また，$\int_0^1 x^{-c}\,dx = \lim_{\substack{a\to 0 \\ a>0}}\int_a^1 x^{-c}\,dx$ が存在するのは $c < 1$ のときに限り，その値は $\dfrac{1}{1-c}$ である．したがって，どんな c に対しても $\int_0^\infty x^{-c}dx$ は存在しないが，図 2.6.1 のように無限に広がる領域でも面積が有限になることがあることを示している．

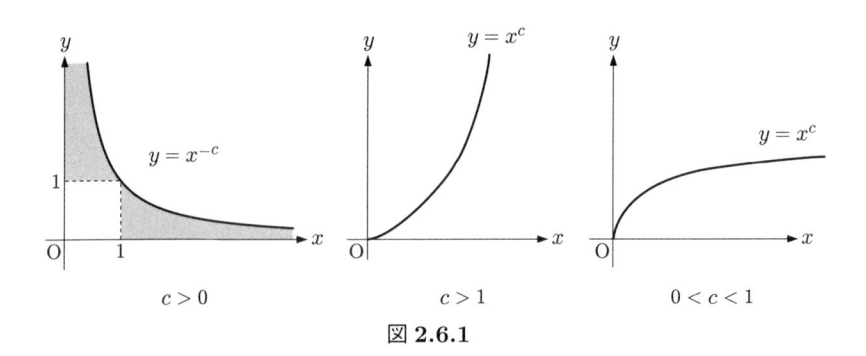

$c > 0$ $c > 1$ $0 < c < 1$

図 **2.6.1**

3. 「$\displaystyle\sum_{n=1}^\infty n^{-a}$ が収束する」$\Leftrightarrow$ 「$a > 1$」

証明：$a \leqq 0$ のときは明らかに無限和は発散する．

$a > 1$ のとき図 2.6.2 のように $x \geqq 1$ で曲線 $y = x^{-a}$ と x 軸とで囲まれた部分の面積と比較して

$$\sum_{n=1}^N n^{-a} \leqq 1 + \int_1^\infty x^{-a}\,dx = 1 + \left[\dfrac{x^{1-a}}{1-a}\right]_1^\infty = \dfrac{a}{a-1}$$

図 2.6.2

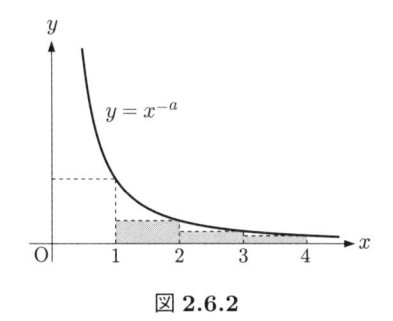

となる．よって $\sum_{n=1}^{N} n^{-a}$ は N について有界な増加数列だから定理 1.2 によって収束する．

$0 < a \leqq 1$ のとき図 2.6.3 のように面積を比較して

$$\int_1^N x^{-a}\,dx < \sum_{n=1}^{N-1} n^{-a}$$

であるが，他方

$$\int_1^N x^{-a}\,dx = \begin{cases} \left[\dfrac{x^{1-a}}{1-a}\right]_1^N = \dfrac{N^{1-a}}{1-a} - \dfrac{1}{1-a} & (a < 1), \\ [\log x]_1^N = \log N & (a = 1) \end{cases}$$

となり，どちらの場合も $N \to \infty$ のとき ∞ に発散するから $\sum_{n=1}^{\infty} n^{-a} = \infty$

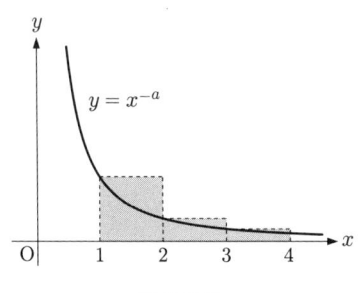

図 2.6.3

となる.

前にも述べたように既知の関数の不定積分が既知の関数で表されるとは限らないのと同様に，定積分も値が具体的に求まるのは限られた場合であるが，多くの有用な関数が定積分で定義される．たとえば階乗の拡張である**ガンマ関数**は

$$\Gamma(s) = \int_0^\infty e^{-x} x^{s-1}\, dx$$

で定義され，自然数 n に対して $\Gamma(n+1) = n!$ であることが知られている．また関数 $f(x)$ から新しい関数

$$g(x) = \int_0^\infty f(t) e^{-tx}\, dt$$

をつくるこの操作を**ラプラス変換**と呼ぶ.

また,

$$g_c(x) = \sqrt{\frac{2}{\pi}} \int_0^\infty f(t) \cos(tx)\, dt, \quad g_s(x) = \sqrt{\frac{2}{\pi}} \int_0^\infty f(t) \sin(tx)\, dt$$

を**フーリエ変換**という.

問題 2.6 [A]

1. 次の定積分を求めよ.

   (1) $\displaystyle\int_0^1 \frac{x}{x^2+9}\, dx$　　(2) $\displaystyle\int_0^3 x e^x\, dx$　　(3) $\displaystyle\int_0^1 e^x \sqrt{e^x+1}\, dx$

   (4) $\displaystyle\int_0^{\frac{\pi}{4}} \tan x\, dx$　　(5) $\displaystyle\int_1^e \log x\, dx$　　(6) $\displaystyle\int_0^2 \sqrt{4-x^2}\, dx$

   (7) $\displaystyle\int_0^3 \frac{x}{\sqrt{9-x^2}}\, dx$　　(8) $\displaystyle\int_0^4 e^{\sqrt{x}}\, dx$

2. 次の定積分を求めよ.

   (1) $\displaystyle\int_0^\infty \frac{1}{x^2+4}\, dx$　　　　(2) $\displaystyle\int_{-\infty}^0 e^{2x}\, dx$

   (3) $\displaystyle\int_0^\infty \frac{x}{(x^2+4)^2}\, dx$　　(4) $\displaystyle\int_0^\infty \frac{x}{e^x}\, dx$

   (5) $\displaystyle\int_0^1 \log x\, dx$　　　　(6) $\displaystyle\int_1^\infty \frac{\log x}{x^2}\, dx$

(7) $\displaystyle\int_{-2}^{2} \frac{dx}{\sqrt{4-x^2}}$ (8) $\displaystyle\int_{1}^{\infty} \frac{1}{x(x+1)}\,dx$

(9) $\displaystyle\int_{0}^{\infty} \frac{x}{x^4+1}\,dx$ (10) $\displaystyle\int_{0}^{1} \frac{x^2}{\sqrt{1-x^3}}\,dx$

(11) $\displaystyle\int_{0}^{\infty} \frac{dx}{1+x+x^2}$ (12) $\displaystyle\int_{0}^{\infty} \frac{x^2}{(x^2+1)^2}\,dx$

3. 次の不等式を示せ.

(1) $1 + \dfrac{1}{2^2} + \dfrac{1}{3^2} + \dfrac{1}{4^2} + \cdots < 2$

(2) $1 + \dfrac{1}{2^3} + \dfrac{1}{3^3} + \dfrac{1}{4^3} + \cdots < \dfrac{4}{3}$

問題 2.6 [B] n を $n \geqq 2$ なる自然数とするとき,次の問いに答えよ.

(1) 次の不等式を示せ.
$$\log(n+1) < 1 + \frac{1}{2} + \frac{1}{3} + \cdots + \frac{1}{n} < 1 + \log n$$

(2) $a_n = 1 + \dfrac{1}{2} + \dfrac{1}{3} + \cdots + \dfrac{1}{n} - \log n$ は $0 < a_n < 1$ を満たすことを示せ.

(3) $\displaystyle\lim_{n\to\infty} a_n = C$ が存在することを示せ.この数 C を**オイラーの定数**という.

2.7 応用 I

導関数を含む方程式を**微分方程式**という.微分方程式を満たす関数のことをその微分方程式の**解**といい,解を求めることを微分方程式を**解く** という. 1.9 節でみたように関数 $f(x) = e^x$ は $f'(x) = f(x)$ かつ $f(0) = 1$ で特徴づけられた.重要な関数が微分方程式の解として与えられたり,自然現象や社会現象が微分方程式で記述される場合が多くある.そこで不定積分の簡単な応用として 1 階の微分方程式で**変数分離形**と呼ばれるものの解法について述べる.変数分離形と呼ばれるのは次のような微分方程式である.

$$\frac{dy}{dx} = f(x)g(y) \tag{2.17}$$

以下,積分定数 C を省くが,置換積分 (2.1) において f, F を f_1, F_1, x を y, t を x で置き換えて

$$\int f_1(y)\,dy = F_1(y), \quad F_1(\varphi(x)) = \int f_1(\varphi(x))\varphi'(x)\,dx$$

と書き換えておくと, もし方程式 (2.17) に $y = h(x)$ という解があれば, $f_1(y) = \dfrac{1}{g(y)}$, $y = \varphi(x) = h(x)$ にとると $h'(x) = y' = f(x)g(y) = f(x)g(h(x))$ だから

$$\int \frac{dy}{g(y)} = F_1(y)$$

$$= \int \frac{1}{g(h(x))} h'(x)\, dx$$

$$= \int \frac{1}{g(h(x))} f(x)g(h(x)) dx$$

$$= \int f(x) dx \tag{2.18}$$

となる. これは形式的に (2.17) を

$$\frac{dy}{g(y)} = f(x) dx$$

と書き直して両辺を積分したものである. したがって, 微分方程式 (2.17) の解を求めるには, x と y の関係を表した (2.18) から y を x について解けばよい.

例 2.15 1.
$$y' \left(= \frac{dy}{dx}\right) = y$$
を考える. すでに定理 1.22 の後で扱ったが, 変数分離型の微分方程式として考えてみよう.

$$\int \frac{dy}{y} = \int dx$$

だから $\log|y| = x + C$ となり, $|y| = e^C e^x$ であるが y の符号と e^C をまとめて改めて C と書けば

$$y = Ce^x$$

を得る. さらに $x = 0$ のとき $y = 1$ と初期値を設定すれば $C = 1, y = e^x$ となる. したがって, 微分方程式 $y' = y$ と初期値 $x = 0, y = 1$ は関数 $y = e^x$ を特徴づけている.

2. 直線 $y = cx$ を考えよう. $y' = c$ だから

$$y' = \frac{y}{x}$$

となるが，この微分方程式を解くと

$$\int \frac{dy}{y} = \int \frac{dx}{x}$$

から $\log|y| = \log|x| + C$ を得て $|y| = e^C |x|$，すなわち $y = Cx$ を得る[5]．したがって微分方程式 $y' = \dfrac{y}{x}$ は直線を特徴づけている．積分定数に由来する定数 C が直線の傾きである．

3. $$y' = xy$$

を解いてみよう．

$$\int \frac{dy}{y} = \int x\, dx$$

から $\log|y| = \dfrac{1}{2}x^2 + C$ となり，$|y| = e^{\frac{x^2}{2}+C}$ であるが y の符号と e^C をまとめれば $y = Ce^{\frac{x^2}{2}}$ となる．

問題 2.7 [A]

1. 次の微分方程式を解け．
   (1) $y' = \dfrac{k}{x}$ (2) $y' = k\dfrac{y}{x}$
   (3) $y' = ky$ (4) $y' = ky(a-y)$
   (5) $y' = k(a-y)(b-y)$ $(a \neq b)$
   (6) $y' = k\sqrt{y}$ (7) $y' + xy = x$
   (8) $y' = 4xy^2$ (9) $y' = y\cos x$

2. 次の微分方程式を解け．
   (1) $y' + \dfrac{y}{x} = 1$ (2) $xy' - x - y = 0$．

問題 2.7 [B] 曲線 $y = f(x)$ $(x > 0)$ に対し，すべての $a > 0$ に対し点 $\mathrm{P}(a, f(a))$ での接線を考え，x 軸との交点を A，y 軸との交点を B とするとき，P は線分 AB の中点であるとする．このとき点 (1,2) を通る曲線 $y = f(x)$ を求めよ．

---

[5] x,y の符号と e^c をまとめて C と置き直した．

2.8 応用 II

次に 1.11 節で扱った巾級数展開のもととなる系 1.1 を積分を用いて精密化しよう.

定理 2.7 n を自然数とする. 関数 $f(x)$ は $x = a$ を含む開区間で n 回微分可能で $f^{(n)}(x)$ も連続とすると, この区間で

$$f(x) = f(a) + f'(a)(x-a) + \frac{f''(a)}{2!}(x-a)^2 + \cdots + \frac{f^{(n-1)}(a)}{(n-1)!}(x-a)^{n-1}$$
$$+ R_n(x) \tag{2.19}$$

ここで

$$R_n(x) = \frac{1}{(n-1)!} \int_a^x f^{(n)}(t)(x-t)^{n-1}\, dt \tag{2.20}$$

であり, さらに x と a の間のある c に対して

$$R_n(x) = \frac{f^{(n)}(c)}{n!}(x-a)^n \tag{2.21}$$

となる[6].

もちろん c は x に依存している数である. 証明には次の部分積分の公式 (2.22) と積分に関する平均値の定理を使う.

微分可能な関数 $g(x)$ に対して $g(t)(x-t)^{k+1}$ を t の関数として微分すると

$$(g(t)(x-t)^{k+1})' = g'(t)(x-t)^{k+1} - (k+1)g(t)(x-t)^k.$$

よって

$$\int_a^x g(t)(x-t)^k\, dt = \frac{g(a)}{k+1}(x-a)^{k+1} + \frac{1}{k+1}\int_a^x g'(t)(x-t)^{k+1}\, dt \tag{2.22}$$

となる. これを繰り返し使って

$$f(x) = f(a) + \int_a^x f'(t)\, dt$$

---

[6] $R_n(x)$ に対する表示 (2.21) で困るのは, c に関する情報がないために関数 f によっては $\lim_{n \to \infty} R_n(x) = 0$ であるにもかかわらず (2.21) だけからはそれがいえないことがある.

$$= f(a) + f'(a)(x-a) + \int_a^x f^{(2)}(t)(x-t)\,dt \quad (g = f', k = 0)$$

$$= f(a) + f'(a)(x-a) + \frac{1}{2}f^{(2)}(a)(x-a)^2$$
$$+ \frac{1}{2}\int_a^x f^{(3)}(t)(x-t)^2\,dt \quad (g = f^{(2)}, k = 1)$$

$$= f(a) + f'(a)(x-a) + \frac{f^{(2)}(a)}{2!}(x-a)^2 + \frac{f^{(3)}(a)}{3!}(x-a)^3$$
$$+ \frac{1}{3!}\int_a^x f^{(4)}(t)(x-t)^3\,dt \qquad (2.23)$$

となる．これで $n \leqq 4$ のときが示された．一般の n に対してはこれを繰り返して (2.19),(2.20) が得られる．

さて (2.21) は系 1.1 と比較すれば得られるが，次の積分に関する定理を使って別証明を与えておこう．次の定理を $F(t) = f^{(n)}(t), G(t) = (x-t)^{n-1}$ に適用する．

定理 2.8 (積分に関する平均値の定理)　関数 $F(t)$, $G(t)$ は区間 $[A, B]$ で連続で，$G(t)$ についてはこの区間で常に正または 0（または，常に負または 0）とする．このとき

$$\int_A^B F(t)G(t)\,dt = F(c)\int_A^B G(t)\,dt$$

となる $c \in [A, B]$ がある．

この定理の証明の前に (2.21) を証明しておこう．定理 2.8 では $A < B$ を仮定しているが，$A > B$ でも（両辺の符号を換えることによって）成立していることを注意しておく．$F(t) = f^{(n)}(t)$, $G(t) = (x-t)^{n-1}$ とおくと，$a \leqq t \leqq x$ または $x \leqq t \leqq a$ だから $(x-t)^{n-1}$ は符号が変化することはない．このとき

$$(n-1)!\,R_n(x) = \int_a^x f^{(n)}(t)(x-t)^{n-1}\,dt$$
$$= f^{(n)}(c)\int_a^x (x-t)^{n-1}\,dt$$
$$= f^{(n)}(c)\left[\frac{-(x-t)^n}{n}\right]_a^x$$

$$= f^{(n)}(c)\frac{(x-a)^n}{n}$$

となって (2.21) を得る.

さて平均値の定理の証明は $G(t)$ が恒等的に 0 なら明らかである. そうではないとし $G(t) \geqq 0$ とすると

$$\int_A^B G(t)\,dt > 0$$

である. また $F(t)$ は区間 $[A, B]$ で連続だから定理 1.7 から A, B の間にある適当な t_0, t_1 に対して最大値 M, 最小値 m をとる, すなわち

$$M = \max_{A \leqq t \leqq B} F(t) = F(t_0),\ m = \min_{A \leqq t \leqq B} F(t) = F(t_1)$$

となる. このとき $G(t) \geqq 0$ だから

$$M\int_A^B G(t)\,dt \geqq \int_A^B F(t)G(t)\,dt \geqq m\int_A^B G(t)\,dt$$

となり

$$M \geqq \frac{\int_A^B F(t)G(t)\,dt}{\int_A^B G(t)\,dt} \geqq m$$

であるが, 中間値の定理から t_0 と t_1 の間にある c に対して

$$F(c) = \frac{\int_A^B F(t)G(t)\,dt}{\int_A^B G(t)\,dt}$$

となり証明が完成する. ∎

例 2.16 1. 自然数 n に対して等比級数の公式

$$\frac{x^n - 1}{x - 1} = 1 + x + x^2 + \cdots + x^{n-1} \quad (x \neq 1)$$

において $|x| < 1$ と仮定し,$n \to \infty$ とすると

$$\frac{1}{1-x} = \frac{-1}{x-1} = 1 + x + x^2 + \cdots = \sum_{m=0}^{\infty} x^m \tag{2.24}$$

となる.一方,自然数 k に対して帰納法で高階微分に対して

$$((1-x)^{-1})^{(k)} = k!\,(1-x)^{-k-1} \tag{2.25}$$

だから $f(x) = \dfrac{1}{1-x}$ に対して

$$\frac{f^{(k)}(0)}{k!} = 1$$

であり,$a = 0$ での定理の展開とあっている.

2. 関数 $f(x) = -\log(1-x)$ ($|x| < 1$) を考えよう.

$$f'(x) = \frac{1}{1-x} = \sum_{k=0}^{\infty} x^k$$

だから,右辺の不定積分 $F(x)$ を各項ごとに見て

$$F(x) = \sum_{m=1}^{\infty} \frac{x^m}{m} + C$$

と見当をつける.$F(x)$ は $|x| < 1$ で

$$\sum_{m=1}^{\infty} \left|\frac{x^m}{m}\right| < \sum_{m=1}^{\infty} |x|^m < \infty$$

すなわちそれは絶対収束している.$f'(x) = F'(x)$ だから[7] $f(x) - F(x)$ は定数であるが $f(x) = F(x)$ ならば $f(0) = 0, F(0) = C$ だから $C = 0$,すなわち

$$\log\frac{1}{1-x} = \sum_{m=1}^{\infty} \frac{x^m}{m} = x + \frac{x^2}{2} + \frac{x^3}{3} + \cdots \quad (|x| < 1)$$

と巾級数展開ができた.特に

$$\lim_{x \to 0} \frac{\log\frac{1}{1-x}}{x} = 1$$

がわかる.

---

[7] うるさくいうと無限和の微分が各項の微分の無限和に等しいことをいう必要がある.

厳密には, 定理 2.7 を使い誤差項 (2.20) において (2.25) と $\left|\dfrac{x-t}{1-t}\right| \leqq |x|$ (t,x は同符号で $0 \leqq |t| \leqq |x| < 1$) を用いて $R_n(x) \to 0$ $(n \to \infty)$ を示せばよい.

3. m を自然数とする. 関数 $(1-x)^{-m}$ の $x=0$ での巾級数展開は $m=1$ のときは (2.24) であり, $m>1$ のときは $m=k+1$ として (2.24) の両辺を k 回微分すれば (2.25) を使って $(1-x)^{-k-1} = (1-x)^{-m}$ の巾級数展開が得られる.

問題 2.8 [A]

1. 次の関数の $x=0$ の巾級数展開の 3 次までの項を求めよ. 44 ページ (1.9) と 65 ページ系 1.2 を利用してもよい.

   (1) $e^x \sin x$ (2) $e^{-x} \cos x$ (3) $\dfrac{x}{\sin x}$

   (4) $\dfrac{1}{\cos x}$ (5) $\tan x$ (6) $\dfrac{x}{\tan x}$

問題 2.8 [B]

1. $\dfrac{1}{\sqrt{1-x}}$ を定理 2.7 により巾級数展開して 4 次までの項を書け.

2. $\dfrac{\pi}{2} = \sin^{-1} 1 = \displaystyle\int_0^1 \dfrac{dx}{\sqrt{1-x^2}}$ と前問を利用した $\dfrac{1}{\sqrt{1-x^2}}$ の巾級数展開を (形式的に) 各項ごとに積分して $\pi = 2\left(1 + \dfrac{1}{2\cdot 3} + \dfrac{3}{5\cdot 8} + \dfrac{15}{7\cdot 48} + \dfrac{105}{9\cdot 384} + \cdots\right)$ (ニュートン, **1676**) を導け.

3. α を実数とする. $f(x) = (1+x)^\alpha = e^{\alpha \log(1+x)}$ ($|x|<1$) に対し以下を示せ.

   (i) 数学的帰納法で
   $$f'(x) = \alpha \dfrac{f(x)}{x+1}, \quad f^{(n)}(x) = \alpha(\alpha-1)\cdots(\alpha-(n-1))\dfrac{f(x)}{(x+1)^n}$$
   を示せ.

   (ii) 自然数 n に対し
   $$\binom{\alpha}{n} = \dfrac{\alpha(\alpha-1)\cdots(\alpha-(n-1))}{n!}, \quad \binom{\alpha}{0} = 1$$

と定めると,
$$\frac{f^{(n)}(0)}{n!} = \binom{\alpha}{n}$$
を示せ.

2.9 曲線の長さ

定積分の考え方の応用として曲線の長さを求めてみよう. $y = f(x)$ は区間 $[a,b]$ で x について微分可能で $f'(x)$ は連続とする. 考え方としては区間 $[a,b]$ を $a = t_0 < t_1 < \cdots < t_n = b$ と n 等分し, 各その小区間 $[t_i, t_{i+1}]$ で $y = f(x)$ のグラフを $(t_i, f(t_i))$ と $(t_{i+1}, f(t_{i+1}))$ を結ぶ線分 ℓ_i で近似し, この折れ線の長さが曲線の長さを近似すると考える.

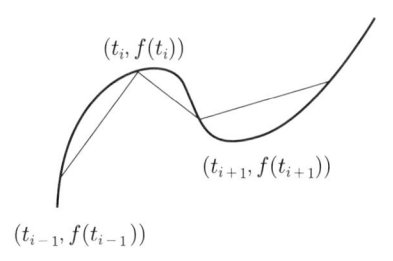

図 2.9.1

簡単のため $h = \dfrac{b-a}{n} = t_{i+1} - t_i$ とおくと

$$\begin{aligned}
\ell_i \text{ の長さ} &= \sqrt{(t_{i+1} - t_i)^2 + (f(t_{i+1}) - f(t_i))^2} \\
&= \sqrt{h^2 + (f(t_i + h) - f(t_i))^2} \\
&= h\sqrt{1 + \left(\frac{f(t_i + h) - f(t_i)}{h}\right)^2} \\
&= h\sqrt{1 + f'(v_i)^2} \quad (t_i < {}^\exists v_i < t_{i+1}) \quad (\text{平均値の定理})
\end{aligned}$$

したがって, 曲線を近似する折れ線の長さは

$$\sum_{i=0}^{n-1} \frac{b-a}{n} \sqrt{1 + f'(v_i)^2}$$

であり，それは連続関数 $\sqrt{1+f'(x)^2}$ に対して (2.11) を用いて

$$\int_a^b \sqrt{1+f'(x)^2}\,dx \tag{2.26}$$

に近づく．この定積分の値を**曲線の長さ**と定義する．$f'(x)$ が連続であれば定積分は存在している．

厳密にいうと曲線というとき区間 $[a,b]$ から平面への写像 $x \to (x, f(x))$ のことを意味し，その像の集合 $\{(x, f(x)) \mid x \in [a,b]\}$ のことではない．始点 $(a, f(a))$ から終点 $(b, f(b))$ への動きを考慮している．たとえば，曲線

$$C_1: \{(\cos 2t\pi, \sin 2t\pi) \mid 0 \leqq t \leqq 1\} \quad \text{と}$$
$$C_2: \{(\cos 4t\pi, -\sin 4t\pi) \mid 0 \leqq t \leqq 1\}$$

は図としては単位円 $x^2+y^2=1$ であるが C_1 は反時計回りに 1 周しているのに対し，C_2 は時計回りに 2 周している．

例 2.17 1. この曲線の長さの考え方が適切であることを線分の場合と半径 r の円の円周の長さ L が $2\pi r$ になっていることで確かめよう．

(1) 点 $(1,1)$ と点 $(2,3)$ を結ぶ線分の長さはピタゴラスの定理から $\sqrt{(2-1)^2+(3-1)^2}=\sqrt{5}$ である．一方，それは線分 $y=2x-1$ ($1 \leqq x \leqq 2$) の長さだから (2.26) にしたがって計算すると $y'=2$ だから

$$\int_1^2 \sqrt{1+(y')^2}\,dx = \int_1^2 \sqrt{5}\,dx = \sqrt{5}$$

で確かにあっている．

(2) 区間 $[-r, r]$ で半円 $y=\sqrt{r^2-x^2}$ の長さ L が πr になっていればよい．$y'=\dfrac{1}{2}(r^2-x^2)^{-\frac{1}{2}}(-2x)=-x(r^2-x^2)^{-\frac{1}{2}}$ だから

$$L = \int_{-r}^r \sqrt{1+x^2(r^2-x^2)^{-1}}\,dx$$
$$= \int_{-r}^r \sqrt{\frac{r^2}{r^2-x^2}}\,dx$$

$$= \int_{-1}^{1} \frac{r\,dt}{\sqrt{1-t^2}} \qquad (x = rt \text{ とおいた})$$

$$= r\left[\sin^{-1} t\right]_{-1}^{1}$$

$$= r\left(\frac{\pi}{2} - \frac{-\pi}{2}\right) = \pi r$$

となって確かにあっている．

ついでながら楕円の周長を求める定積分の値を具体的に既知の数で書き表すことはできない．この周長の研究は 19 世紀から現在に続く深く美しい研究の源となっている．

2. 放物線 $y = x^2$ の $0 \leqq x \leqq 1$ の部分の弧の長さ L を 2.2 節例 2.4.6 を用いて求めてみよう．

$$L = \int_0^1 \sqrt{1+(2x)^2}\,dx$$

$$= \frac{1}{2}\int_0^2 \sqrt{1+t^2}\,dt \qquad \left(x = \frac{t}{2}\right)$$

$$= \frac{1}{2}\left[\frac{1}{2}(t\sqrt{1+t^2} + \log|t+\sqrt{t^2+1}|)\right]_0^2$$

$$= \frac{1}{4}\left\{2\sqrt{5} + \log(2+\sqrt{5})\right\}$$

$$= \frac{\sqrt{5}}{2} + \frac{1}{4}\log(2+\sqrt{5}).$$

さて単位円が $y = \pm\sqrt{1-x^2}$ や $x = \cos t,\ y = \sin t$ とも表されるように，曲線 $y = f(x)$ が助変数を使って $x = g(t),\ y = h(t)$ と表されることも多い．いま，$f(x)$ は区間 $[a,b]$ で定義され，さらに曲線 $y = f(x)$ は $(g(t), h(t))\ (t \in [\alpha,\beta])$ とも表されるとする．すなわち，$x = g(t),\ y = f(x) = f(g(t)) = h(t)$ で

$$\{(x, f(x)) \mid a \leqq x \leqq b\} = \{(g(t), h(t)) \mid \alpha \leqq t \leqq \beta\}$$

である．ただし，f, g, h の導関数は連続とし，$(g(\alpha), h(\alpha)) = (a, f(a))$，$(g(\beta), h(\beta)) = (b, f(b))$ とする．曲線をたどる向きを変えないために $g' > 0$

と仮定する．このとき
$$h'(t) = f'(g(t))g'(t) = f'(x)g'(t)$$
だから
$$L = \int_a^b \sqrt{1 + f'(x)^2}\, dx$$
$$= \int_\alpha^\beta \sqrt{1 + \left(\frac{h'(t)}{g'(t)}\right)^2}\, g'(t)\, dt$$
$$= \int_\alpha^\beta \sqrt{g'(t)^2 + h'(t)^2}\, dt \quad (g' > 0 \text{ を使った})$$
となる．この式を曲線の長さの定義として採用すれば，$y = f(x)$ と表せない曲線にも適用できる．

例 2.18　1.　この方法で半径 r の半円の円周の長さ L を求めてみよう．半円を $(x, \sqrt{r^2 - x^2})$, すなわち $f(x) = \sqrt{r^2 - x^2}$ $(-r \leqq x \leqq r)$ と表す一方，極表示を使って $(r\cos t, r\sin t)$ $(0 \leqq t \leqq \pi)$ と表すと
$$L = \int_0^\pi \sqrt{(-r\sin t)^2 + (r\cos t)^2}\, dt = \pi r.$$
同様に，例 2.17 の前の曲線 C_2 の長さは 4π である．これは曲線の長さの定義が対応する図の長さというよりは直感的に"歩いた距離"であることによる．

2.　半径 1 の円が x 軸に接しながら，滑ることなく回転するとき，円周上の定点 P が描く曲線を**サイクロイド**という．

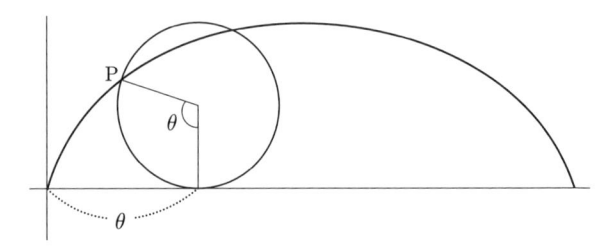

図 2.9.2

はじめに定点が原点であるとき，円が角 θ だけ回転したとするとき点 $\mathrm{P}(x,y)$ は $x = \theta - \sin\theta,\ y = 1 - \cos\theta\ (0 \leqq \theta \leqq 2\pi)$ と表せる．それは図 2.9.2 にあるように円が原点から θ の距離で接しているとすると，円周の長さはその中心角の大きさと同じだから

$$x = \theta - \cos\left(\theta - \frac{\pi}{2}\right) = \theta - \sin\theta,$$
$$y = 1 + \sin\left(\theta - \frac{\pi}{2}\right) = 1 - \cos\theta$$

となる．このとき定点が 1 回転した長さ L を求めてみよう．

$$\frac{dx}{d\theta} = 1 - \cos\theta,\quad \frac{dy}{d\theta} = \sin\theta$$

より

$$L = \int_0^{2\pi} \sqrt{\left(\frac{dx}{d\theta}\right)^2 + \left(\frac{dy}{d\theta}\right)^2}\, d\theta$$
$$= \int_0^{2\pi} 2\left|\sin\frac{\theta}{2}\right| d\theta = 2\left[-2\cos\frac{\theta}{2}\right]_0^{2\pi} = 8$$

である．

問題 2.9 [A]

1. 次の曲線の長さを求めよ．
   (1) $y = \dfrac{1}{2}(e^x + e^{-x})\quad (-1 \leqq x \leqq 1)$
   (2) $y = \dfrac{3}{2}(e^{\frac{x}{3}} + e^{-\frac{x}{3}})\quad (-6 \leqq x \leqq 6)$
   (3) $y = x\sqrt{x}\quad (0 \leqq x \leqq 5)$
   (4) $y = \log(1 - x^2)\quad \left(0 \leqq x \leqq \dfrac{1}{2}\right)$
   (5) $y = \sqrt{16 - x^2}\quad (0 \leqq x \leqq 2)$

2. 曲線 $C : \{(t\cos t, t\sin t) \mid 0 \leqq t \leqq 2\pi\}$ の図を描き，その長さを求めよ．

3. 曲線 $C : \{(e^t\cos t, e^t\sin t) \mid 0 \leqq t \leqq \pi\}$ の図を描き，その長さを求めよ．

問題 2.9 [B]

(1) $a < b$ とする．$g(x) = Ax + B$ に対して $g(a) = b,\ g(b) = a$ となるように A, B を定めよ．

(2) 区間 $[a,b]$ で定義された関数 $f(x)$ に対して曲線 $C : \{(x, f(x)) \mid a \leqq x \leqq b\}$ を考える.このとき平面上のグラフとしては同じであるが,始点が $(b, f(b))$,終点が $(a, f(a))$ であるような曲線を求めよ.

2.10 重積分

これからは面積を求めた考え方を体積を求める方法に適用しよう.

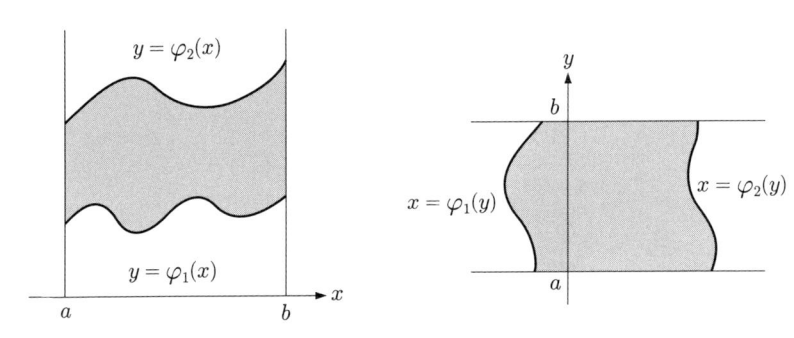

図 **2.10.1**

図 2.10.1 の左のような xy 平面の集合

$$\{(x,y) \mid a \leqq x \leqq b, \varphi_1(x) \leqq y \leqq \varphi_2(x)\}$$

を縦線領域,x, y を入れ替えた右の集合

$$\{(x,y) \mid a \leqq y \leqq b, \varphi_1(y) \leqq x \leqq \varphi_2(y)\}$$

を横線領域と呼ぶことにしよう.D を図 2.10.2 のような xy 平面の有界な図形で,いくつかの縦線領域や横線領域に分割され,その境界を定める関数 φ_1, φ_2 は連続とする.

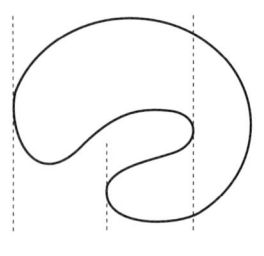

図 **2.10.2**

今後,平面上の領域というときはこのようなもののみを考える.

D を底面とする高さが $z = f(x,y)$ $(x,y) \in D$ で与えられる立体の体積 V を考えよう．面積のときと同様に $z < 0$ の側にある部分の体積はマイナスとする．n を自然数とし，平面を $x = \dfrac{k}{n}, y = \dfrac{k}{n}$ $(k = \cdots, -1, 0, 1, \cdots)$ という直線で小さな正方形に分ける．その正方形を

$$P(k,h) = \left\{ (x,y) \ \middle| \ \frac{k}{n} \leqq x \leqq \frac{k+1}{n}, \ \frac{h}{n} \leqq y \leqq \frac{h+1}{n} \right\}$$

とおき，この底面積 $\dfrac{1}{n^2}$ の小正方形 $P(k,h)$ を底面とする直方体の天井が曲面 $z = f(x,y)$ を近似するようにしてやれば，これらの直方体の体積の和 V_n が n を大きくすれば求める体積 V に近づくと考えられる ($f(x,y)$ が余程変なものでない限り)．ここで直方体の体積はそれが $z < 0$ にあるときは通常の体積をマイナスしたものとしている．

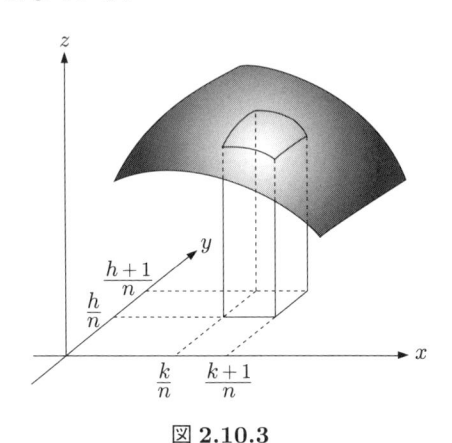

図 **2.10.3**

式で表すと

$$M_{k,h} = \max_{(x,y) \in P(k,h) \cap D} f(x,y), \quad m_{k,h} = \min_{(x,y) \in P(k,h) \cap D} f(x,y)$$

に対して

$$V_n^+ = \sum_{\substack{k,h \\ P(k,h) \cap D \neq \emptyset}} \frac{1}{n^2} M_{k,h}, \quad V_n^- = \sum_{\substack{k,h \\ P(k,h) \cap D \neq \emptyset}} \frac{1}{n^2} m_{k,h}$$

とおくと

$$V_n^- \leqq V \leqq V_n^+$$

であり

$$V = \lim_{n\to\infty} V_n^+ = \lim_{n\to\infty} V_n^-$$

である．$\dfrac{1}{n^2}$ が底面の小正方形の面積であり，高さ $f(x,y)$ を上から $M_{k,h}$，下から $m_{k,h}$ で評価した．この議論は，関数 $f(x,y)$ が底面 D 上で連続であれば，D への仮定から数列の極限と連続の厳密な定義 (大黒柱 I,II) を使って正当化される．この体積 V を

$$\iint_D f(x,y)\,dxdy$$

と表す．したがって

$$\iint_D f(x,y)\,dxdy = \lim_{n\to\infty} \sum_{\substack{k,h \\ P(k,h)\cap D\neq\emptyset}} \frac{1}{n^2} M_{k,h} = \lim_{n\to\infty} \sum_{\substack{k,h \\ P(k,h)\cap D\neq\emptyset}} \frac{1}{n^2} m_{k,h} \tag{2.27}$$

であり，特に $f(x,y)$ の値が恒等的に 1 の場合を考えると $M_{k,h} = m_{k,h} = 1$ だから

$$\iint_D dxdy = D \text{ の面積}$$

であることに注意しておく (113 ページの脚注 3 参照)．

また，1 変数の積分と同様に $P(k,h)\cap D$ 内の勝手な点 P をとっても $m_{k,h} \leqq f(\mathrm{P}) \leqq M_{k,h}$ だから

$$\iint_D f(x,y)\,dxdy = \lim_{n\to\infty} \sum_{\substack{k,h \\ P(k,h)\cap D\neq\emptyset}} \frac{f(\mathrm{P})}{n^2} \tag{2.28}$$

となっている．

さらに図 2.10.4 のように縦線領域 $D = \{(x,y)\mid a\leqq x\leqq b,\ \varphi_1(x)\leqq y\leqq \varphi_2(x)\}$ に対しては直方体をまず y 方向に集め，次にそれらを x 軸方向に集めたとみると

$$V_n^+ = \sum_k \sum_h \frac{1}{n^2} M_{k,h}$$

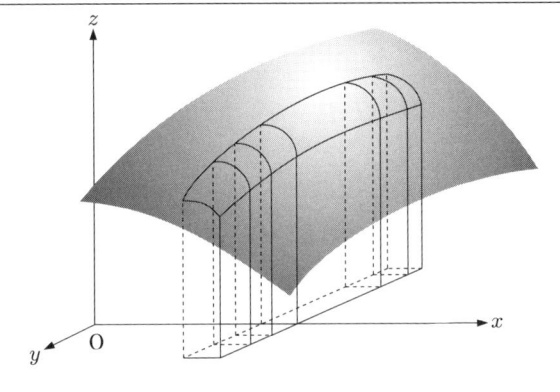

図 2.10.4

$$\fallingdotseq \sum_k \frac{1}{n} \left(\sum_h \frac{1}{n} f\left(\frac{k}{n}, \frac{h}{n}\right) \right)$$

$$\fallingdotseq \sum_k \frac{1}{n} \int_{\varphi_1(\frac{k}{n})}^{\varphi_2(\frac{k}{n})} f\left(\frac{k}{n}, y\right) dy$$

$$\fallingdotseq \int_a^b \left(\int_{\varphi_1(x)}^{\varphi_2(x)} f(x,y)\, dy \right) dx$$

である.3番目と4番目の $\fallingdotseq$ はそれぞれ区間 $\left[\varphi_1\left(\dfrac{k}{n}\right), \varphi_2\left(\dfrac{k}{n}\right)\right]$ 上の y の関数 $f\left(\dfrac{k}{n}, y\right)$ と,区間 $[a,b]$ 上の x の関数 $\displaystyle\int_{\varphi_1(x)}^{\varphi_2(x)} f(x,y)\, dy$ に (2.14) を使った.大黒柱 I, II とともに誤差を精密に評価すれば,上の計算は正当化されて次の定理を得る.

定理 2.9 (累次積分) 連続関数 $\varphi_1(x), \varphi_2(x)$ による縦線領域

$$D = \{(x,y) \mid a \leqq x \leqq b,\ \varphi_1(x) \leqq y \leqq \varphi_2(x)\}$$

上連続な関数 $f(x,y)$ に対して

$$\iint_D f(x,y)\, dxdy = \int_a^b \left(\int_{\varphi_1(x)}^{\varphi_2(x)} f(x,y)\, dy \right) dx$$

が成立する.

ここで右辺を

$$\int_a^b dx \int_{\varphi_1(x)}^{\varphi_2(x)} f(x,y)\,dy$$

と書くことも多い．また同様に横線領域

$$D_1 = \{(x,y) \mid a \leqq y \leqq b,\ \varphi_1(y) \leqq x \leqq \varphi_2(y)\}$$

上連続な関数 $f(x,y)$ に対して

$$\iint_{D_1} f(x,y)\,dxdy = \int_a^b dy \int_{\varphi_1(y)}^{\varphi_2(y)} f(x,y)\,dx$$

が成立する．

次の系は累次積分の簡単なしかし有用な帰結である．

系 2.1 $D = \{(x,y) \mid a \leqq x \leqq b,\ c \leqq y \leqq d\}$ とし関数 $f(x), g(y)$ はそれぞれ区間 $[a,b], [c,d]$ で連続とすると

$$\iint_D f(x)g(y)\,dxdy = \int_a^b f(x)\,dx \int_c^d g(y)\,dy$$

が成り立つ．

例 2.19　1. 底面を $D = \{(x,y) \mid a \leqq x \leqq b, \varphi_1(x) \leqq y \leqq \varphi_2(x)\}$ とする高さ 1 の立方体の体積 $\iint_D 1\,dxdy$ は D の面積であるはずである．累次積分の公式から

$$\begin{aligned}
\iint_D 1\,dxdy &= \int_a^b \left(\int_{\varphi_1(x)}^{\varphi_2(x)} 1\,dy \right) dx \\
&= \int_a^b (\varphi_2(x) - \varphi_1(x))\,dx \\
&= \int_a^b \varphi_2(x)\,dx - \int_a^b \varphi_1(x)\,dx
\end{aligned}$$

となり，最後の式は確かに D の面積である．

2. $I = \iint_D \sin(y^2)\,dxdy \quad \left(D : 0 \leqq x \leqq \sqrt{\dfrac{\pi}{2}}, x \leqq y \leqq \sqrt{\dfrac{\pi}{2}}\right)$

を計算してみよう．これを縦線領域に対する累次積分を使って

$$I = \int_0^{\sqrt{\frac{\pi}{2}}} dx \int_x^{\sqrt{\frac{\pi}{2}}} \sin(y^2)\,dy$$

と変形すると $\int \sin(y^2)\,dy$ は既知の関数で表せず，手に余る．しかし，領域 D は $\left\{(x,y) \mid 0 \leqq y \leqq \sqrt{\dfrac{\pi}{2}}, 0 \leqq x \leqq y\right\}$ とも表せるから，横線領域とみて x で先に積分すれば

$$\begin{aligned}
I &= \int_0^{\sqrt{\frac{\pi}{2}}} dy \int_0^y \sin(y^2)\,dx \\
&= \int_0^{\sqrt{\frac{\pi}{2}}} y\sin(y^2)\,dy \\
&= \left[-\frac{1}{2}\cos(y^2)\right]_0^{\sqrt{\frac{\pi}{2}}} \\
&= \frac{1}{2}
\end{aligned}$$

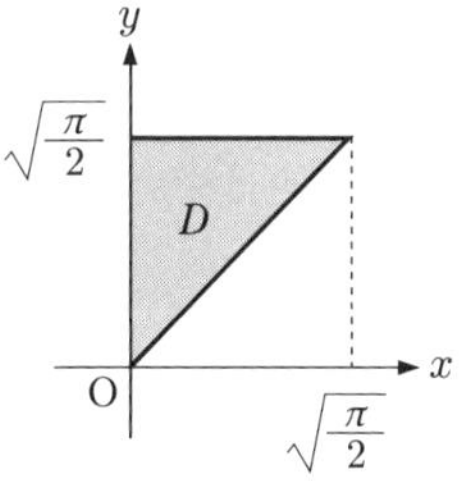

図 2.10.5

と計算できる．

問題 2.10 [A]

1. 次の定積分を求めよ．

    (1) $\displaystyle\iint_D (1+x+y)\,dxdy \quad D : 0 \leqq x \leqq 1,\ 0 \leqq y \leqq 2$

    (2) $\displaystyle\iint_D xy^2\,dxdy \quad D : -1 \leqq x \leqq 2,\ 1 \leqq y \leqq 3$

    (3) $\displaystyle\iint_D xy(1+x+y)\,dxdy \quad D : 0 \leqq x \leqq 1,\ -1 \leqq y \leqq 1$

    (4) $\displaystyle\iint_D \dfrac{x^2}{y^2}\,dxdy \quad D : -1 \leqq x \leqq 1,\ 1 \leqq y \leqq 2$

    (5) $\displaystyle\iint_D e^{2x+y}\,dxdy \quad D : 0 \leqq x \leqq 1,\ 0 \leqq y \leqq 3$

    (6) $\displaystyle\iint_D \sin(x+y)\,dxdy \quad D : 0 \leqq x \leqq \pi,\ 0 \leqq y \leqq 2\pi$

2. 次の定積分を求めよ.

(1) $\iint_D (1+x+y)\,dxdy \quad D: 0 \leq x \leq 1,\ x \leq y \leq 2x$

(2) $\iint_D (1-x-y)\,dxdy \quad D: x \geq 0,\ y \geq 0,\ x+y \leq 1$

(3) $\iint_D xy\,dxdy \quad D: x \geq 0,\ y \geq 0,\ x^2+y^2 \leq 1$

(4) $\iint_D \sin(x+y)\,dxdy \quad D: x \geq 0,\ y \geq 0,\ x+y \leq \pi$

3. 次の定積分を求めよ.

(1) $\iint_D \sqrt{x+y}\,dxdy \quad D: 0 \leq x \leq 1,\ 0 \leq y \leq 1.$

(2) $\iint_D \cos\dfrac{x}{y}\,dxdy \quad D: \dfrac{\pi}{4} \leq y \leq \dfrac{\pi}{2},\ 0 \leq x \leq y^2.$

問題 2.10 [B]

1. 楕円体 $\dfrac{x^2}{a^2}+\dfrac{y^2}{b^2}+\dfrac{z^2}{c^2} \leq 1$ (ただし, $a>0,\ b>0,\ c>0$) の体積 V を $V=\iint_D z\,dx\,dy\ \ D: \dfrac{x^2}{a^2}+\dfrac{y^2}{b^2} \leq 1$ として求めよ.

ただし, $z=\pm c\sqrt{1-\dfrac{x^2}{a^2}-\dfrac{y^2}{b^2}}$ である.

(ヒント:第 2.5 節例 2.8 にある不定積分を用いてもよい.)

2. 次の立体の体積を求めよ

半径が 1 の金属製の直円柱を中心軸が直交するように同じ半径の直円柱で穿ち去るとき穿ち去られる元の直円柱の体積を求めよ (ヒント:もとの円柱を $x^2+y^2=1$,穿ち去る円柱を $y^2+z^2=1$ とせよ).

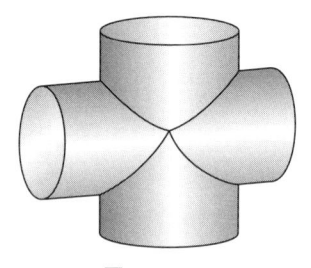

図 2.10.6

2.11 変数変換

この節では 1 変数のときの置換積分を 2 変数のときに拡張する．考え方がわかるように代表的な 1 次変換と極座標変換を取り上げる．

まず 1 次変換のときを考えよう．a, b, c, d を $ad - bc \neq 0$ となる実数とする．このとき領域 D に対し $D' = \{(u, v) \mid u = ax + by, v = cx + dy, (x, y) \in D\}$ とおき，$f(x, y)$ を D' で連続関数とすると

$$\iint_D f(ax + by, cx + dy)\, dxdy = \frac{1}{|ad - bc|} \iint_{D'} f(u, v)\, dudv \tag{2.29}$$

が成り立つ．

証明は左辺を定義に従って変形すると

$$\iint_D f(ax + by, cx + dy)\, dxdy$$

$$= \lim_{n \to \infty} \frac{1}{n^2} \sum_{k, h} f\left(a\frac{k}{n} + b\frac{h}{n}, c\frac{k}{n} + d\frac{h}{n}\right)$$

$$= \lim_{n \to \infty} \frac{1}{n^2} \sum_{k, h} f\left(\frac{k}{n}(a, c) + \frac{h}{n}(b, d)\right)$$

$$= \frac{1}{|ad - bc|} \lim_{n \to \infty} \frac{|ad - bc|}{n^2} \sum_{k, h} f\left(\frac{k}{n}(a, c) + \frac{h}{n}(b, d)\right) \tag{2.30}$$

である．ここで小正方形

$$T = \left\{(x, y) \,\bigg|\, \frac{k}{n} \leq x \leq \frac{k+1}{n}, \frac{h}{n} \leq y \leq \frac{h+1}{n}\right\}$$

に対し

$$T' = \{(ax + by, cx + dy) \mid (x, y) \in T\}$$

$$= \{x(a, c) + y(b, d) \mid (x, y) \in T\}$$

$$= \left\{x(a, c) + y(b, d) \,\bigg|\, \frac{k}{n} \leq x \leq \frac{k+1}{n}, \frac{h}{n} \leq y \leq \frac{h+1}{n}\right\}$$

の面積は $\dfrac{|ad - bc|}{n^2}$ だから，(2.30) は平面を小正方形に分割する代わりに (a, c) 方向と (b, d) 方向に分割したとみて，D' 上での関数 f の積分を近似する式になるから，(2.30) は $\dfrac{1}{|ad - bc|} \iint_{D'} f(u, v)\, dudv$ に等しい．これで (2.29) の

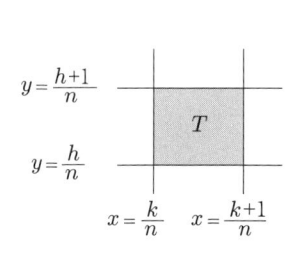

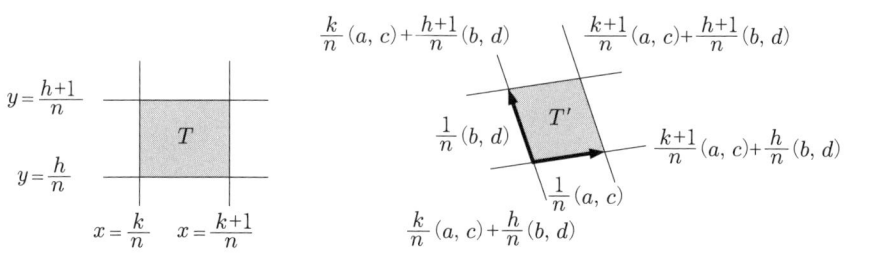

図 2.11.1

説明が終わった．ここで形式的に $dudv = |ad-bc|\,dxdy$ となっていると思ってよいが，その裏には $u = ax+by, v = cx+dy$ とおくと

$$\left|\det\begin{pmatrix} \dfrac{\partial u}{\partial x} & \dfrac{\partial u}{\partial y} \\ \dfrac{\partial v}{\partial x} & \dfrac{\partial v}{\partial y} \end{pmatrix}\right| = \left|\det\begin{pmatrix} a & b \\ c & d \end{pmatrix}\right| = |ad-bc|$$

という事実がある．

例 2.20 楕円 $\dfrac{u^2}{a^2} + \dfrac{v^2}{d^2} = 1\ (a,d>0)$ の面積を求めてみよう．

上の公式で $b=c=0$ とし $u=ax, v=dy$, $D = \{(x,y) \mid x^2+y^2 \leqq 1\}$ とおくと $D' = \left\{(u,v) \ \middle| \ \dfrac{u^2}{a^2} + \dfrac{v^2}{d^2} \leqq 1\right\}$ だから

$$\pi = \iint_D dxdy = \frac{1}{ad}\iint_{D'} dudv$$

となり，求める楕円の面積は $ad\pi$ となる．これは単位円 (面積 π) を x 軸方向に a 倍, y 軸方向に d 倍した直感に合う．

次に極座標変換を取り上げよう．平面上の積分 $\iint_D f(x,y)\,dxdy$ を定義するのに平面を小正方形に分割し，その小正方形を底面とする直方体で体積を近似した．一方，平面は $x = r\cos\theta, y = r\sin\theta\ (r>0, 0\leqq\theta<2\pi)$ と極表示することができる．そこで平面を $r = 0, \dfrac{1}{n}, \dfrac{2}{n}, \cdots, \dfrac{k}{n}, \cdots, \theta = 0, \dfrac{1}{n}, \dfrac{2}{n}, \cdots, \dfrac{h}{n}, \cdots$ と図のように分割する．

2.11 変数変換   151

図 2.11.2

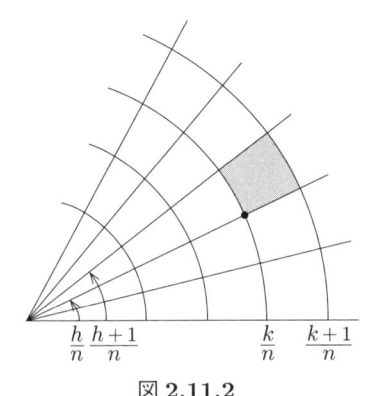

D が平面の有界な領域なら n を大きくすれば D をいくらでも小さく分割できる．このとき，図の灰色の部分の面積は円環との比が $\dfrac{1}{n} : 2\pi$ だから

$$\left\{\pi\left(\frac{k+1}{n}\right)^2 - \pi\left(\frac{k}{n}\right)^2\right\}\frac{\frac{1}{n}}{2\pi} = \frac{1}{n^2}\left(\frac{k}{n} + \frac{1}{2n}\right)$$

である．したがって，重積分の定義において平面を小格子に分割する代わりに図 2.11.2 のように分割すれば

$$\iint_D f(x,y)\,dxdy = \lim_{n\to\infty}\sum_{k,h} f\left(\frac{k}{n}\cos\frac{h}{n}, \frac{k}{n}\sin\frac{h}{n}\right)\frac{1}{n^2}\left(\frac{k}{n}+\frac{1}{2n}\right)$$

である．ここで D の点 $\mathrm{P}(r\cos\theta, r\sin\theta)$ が灰色の部分にあるとすると $\dfrac{k}{n} \leqq r \leqq \dfrac{k+1}{n}$ だから，分割を細かくして n が大きくなれば k も大きくなり（P は固定して考えている）

$$\frac{\frac{1}{n^2}\left(\frac{k}{n}+\frac{1}{2n}\right)}{\frac{k}{n^3}} = 1 + \frac{1}{2k}$$

は 1 に近づくから灰色の部分の面積は $\dfrac{k}{n^3}$ と考えてよく，

$$\sum_{k,h} f\left(\frac{k}{n}\cos\frac{h}{n}, \frac{k}{n}\sin\frac{h}{n}\right)\frac{1}{n^2}\left(\frac{k}{n}+\frac{1}{2n}\right)$$
$$\fallingdotseq \sum_{k,h} f\left(\frac{k}{n}\cos\frac{h}{n}, \frac{k}{n}\sin\frac{h}{n}\right)\frac{k}{n}\frac{1}{n^2}$$

となる．これは $\{(r,\theta) \mid r \geqq 0, 0 \leqq \theta < 2\pi\}$ を区間の幅を $\dfrac{1}{n}$ として (r,θ) 平

面の中で小正方形に分割したと考えてよいから[8]，$n \to \infty$ とすると
$$\iint_{D'} f(r\cos\theta, r\sin\theta) r\, dr d\theta$$
に近づく．ただし，$D' = \{(r,\theta) \mid (r\cos\theta, r\sin\theta) \in D, r \geqq 0, 0 \leqq \theta \leqq 2\pi\}$ である．

まとめて**極座標に対する変数変換**の公式
$$\iint_D f(x,y)\, dxdy = \iint_{D'} f(r\cos\theta, r\sin\theta) r\, dr d\theta \tag{2.31}$$
を得る．1次変換のときと同様に形式的に $dxdy = r\, drd\theta$ と思ってよいが，$x = r\cos\theta, y = r\sin\theta$ とおくと
$$\left|\det\begin{pmatrix} \frac{\partial x}{\partial r} & \frac{\partial x}{\partial \theta} \\ \frac{\partial y}{\partial r} & \frac{\partial y}{\partial \theta} \end{pmatrix}\right| = \left|\det\begin{pmatrix} \cos\theta & -r\sin\theta \\ \sin\theta & r\cos\theta \end{pmatrix}\right| = r$$
である．

例 2.21 1. 円の面積をこの変換を使って計算してみよう．
$$D = \{(x,y) \mid x^2 + y^2 \leqq R^2\} = \{(r\cos\theta, r\sin\theta) \mid 0 \leqq r \leqq R, 0 \leqq \theta < 2\pi\}$$
だから円 D の面積は，上で $D' = \{(r,\theta) \mid 0 \leqq r \leqq R, 0 \leqq \theta < 2\pi\}$ となり
$$\iint_D dxdy = \iint_{D'} r\, drd\theta = \int_0^R r\, dr \int_0^{2\pi} d\theta = \left[\frac{1}{2}r^2\right]_0^R \cdot 2\pi = \pi R^2$$
となる．ここで
$$\pi R^2 = \int_0^R 2\pi r\, dr$$
とみると，半径 r を変数とみてそれが 0 から R まで動くとき半径 r の円の円周の長さを積分したものが円の面積であるといっている．したがって，円の面積 πr^2 を r で微分した $2\pi r$ が円周の長さである．

---

[8] $0 \leqq \theta < 2\pi$ は $\frac{1}{n}$ ずつにきっかりは分割できないが，$\frac{1}{n}$ ずつ 0 から切り出していって $\frac{k}{n} \leqq 2\pi \leqq \frac{k+1}{n}$ となる最後の扇形部分については $n \to \infty$ のとき面積は 0 に近づくから，この1個の扇形については上の和では無視してよい．

2. 半径 R の球の体積 V を求めてみよう. 底面を $D = \{(x,y) \mid x^2 + y^2 \leqq R^2\}$ とし, 高さ $f(x,y) = \sqrt{R^2 - x^2 - y^2}$ の図形が原点を中心とする半径 R の球の上半分だから

$$V = 2\iint_D \sqrt{R^2 - x^2 - y^2}\, dxdy$$

$$= 2\iint_D \sqrt{R^2 - r^2}\, r\, drd\theta$$
$$\quad (x = r\cos\theta, y = r\sin\theta, 0 \leqq r \leqq R, 0 \leqq \theta < 2\pi)$$

$$= 4\pi \int_0^R \sqrt{R^2 - r^2}\, r\, dr$$

$$= 4\pi \left[-\frac{1}{3}(R^2 - r^2)^{\frac{3}{2}} \right]_0^R$$

$$= \frac{4}{3}\pi R^3$$

となる. ここで上の 1 の最後の考え方を使うと, 半径 r の球の表面積を $S(r)$ とするとそれは球の体積 $\frac{4}{3}\pi r^3$ の微分だから $S(r) = 4\pi r^2$ である.

3. $$\int_0^\infty e^{-x^2} dx = \frac{\sqrt{\pi}}{2}$$ を示そう.

$r > 0$ に対して

$$I_r = \int_0^r e^{-x^2} dx$$

とおくと, 定義によって $I := \int_0^\infty e^{-x^2} dx = \lim_{r\to\infty} I_r$ であった. 累次積分を逆に使って

$$I_r^{\,2} = \int_0^r e^{-x^2} dx \int_0^r e^{-y^2} dy = \iint_{0 \leqq x, y \leqq r} e^{-x^2 - y^2} dxdy$$

である.

ここで $D'_r = \{(x,y) \mid x, y \geqq 0, x^2 + y^2 \leqq r^2\}$ とおくと, 上の積分域 $D_r = \{(x,y) \mid 0 \leqq x, y \leqq r\}$ に対し

$$D'_r \subset D_r \subset D'_{\sqrt{2}r}$$

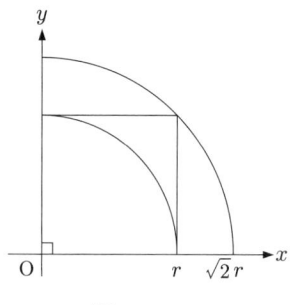

図 2.11.3

だから
$$I'_r = \iint_{D'_r} e^{-x^2-y^2} dxdy \leq I_r^{\,2} \leq I'_{\sqrt{2}r}$$
となる．また，ここで極座標への変数変換を行えば
$$I'_r = \iint_{0 \leq t \leq r, 0 \leq \theta \leq \frac{\pi}{2}} e^{-t^2} t\, dtd\theta$$
$$= \frac{\pi}{2}\left[-\frac{1}{2}e^{-t^2}\right]_0^r = \frac{\pi}{2}\left(-\frac{1}{2}e^{-r^2} + \frac{1}{2}\right)$$

だから $\lim_{r \to \infty} I'_r = \lim_{r \to \infty} I'_{\sqrt{2}r} = \frac{\pi}{4}$ となり，挟み打ちの原理から $I^2 = \frac{\pi}{4}$ となる．$I > 0$ だから $I = \frac{\sqrt{\pi}}{2}$ を得る．

問題 2.11 [A]

1. 領域 D を図示し，1次変換を利用して次の定積分を求めなさい．

    (1) $\iint_D (x^2 - y^2)\, dxdy \quad D: 0 \leq x+y \leq 1,\ 0 \leq x-y \leq 1$

    (2) $\iint_D (x+y)\, dxdy \quad D: 0 \leq 3x-y \leq 3,\ -4 \leq x-3y \leq 0$

    (3) $\iint_D (7x+1)\, dxdy \quad D: -2 \leq x-2y \leq 2,\ 0 \leq 3x+y \leq 6$

    (4) $\iint_D (x^2+y^2)\, dxdy \quad D: |y+2x| \leq 2,\ |2y-x| \leq 1$

2. 次の定積分を求めなさい．

    (1) $\iint_D (x^2+y^2)\, dxdy \quad D: x^2+y^2 \leq 1$

(2) $\iint_D e^{x^2+y^2} dxdy \quad D: 1 \leqq x^2+y^2 \leqq 2$

(3) $\iint_D \dfrac{1}{\sqrt{x^2+y^2}} dxdy \quad D: 1 \leqq x^2+y^2 \leqq 4$

(4) $\iint_D \sqrt{a^2-x^2-y^2} dxdy \quad D: x^2+y^2 \leqq a^2 \quad (a>0)$

(5) $\iint_D \sin\sqrt{x^2+y^2} dxdy \quad D: x^2+y^2 \leqq \dfrac{\pi^2}{4}$

(6) $\iint_D \dfrac{1}{1+(x^2+y^2)^2} dxdy \quad D: x^2+y^2 \leqq 1$

(7) $\iint_D x\,dxdy \quad D: x^2+y^2 \leqq x$

(8) $\iint_D \sqrt{x^2+y^2} dxdy \quad D: x \geqq 0,\, y \geqq 0,\, x \leqq x^2+y^2 \leqq 1$

問題 2.11 [B]

1. 楕円体 $\dfrac{x^2}{a^2}+\dfrac{y^2}{b^2}+\dfrac{z^2}{c^2} \leqq 1$（ただし，$a>0,\, b>0,\, c>0$）の体積 V を

$$V = \iint_D z\,dx\,dy \quad D: \dfrac{x^2}{a^2}+\dfrac{y^2}{b^2} \leqq 1$$

として変数変換を用いて求めよ．

2. 半径が $2R$ の金属の球の 1 つの直径に沿って 2 つの接する半径 R の円柱でこの球を穿ち去る．球の残った部分の体積を求めよ

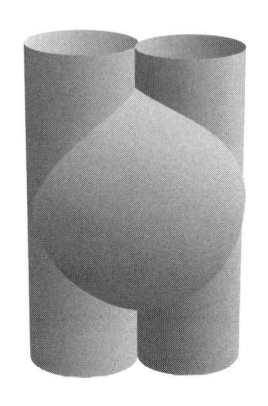

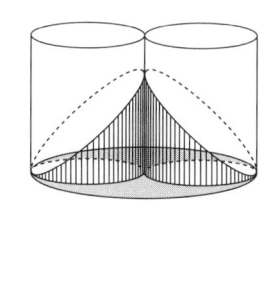

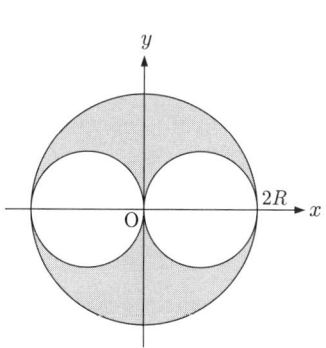

図 **2.11.4**

2.12　回転体，錐の体積，重心

有界な図形 D を x 軸のまわりに回転してできる図形の体積 V を求めよう．

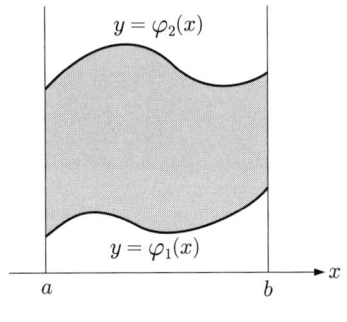

図 2.12.1

その図形を細分して図 2.12.1 のように縦線領域
$$D = \{(x,y) \mid a \leqq x \leqq b,\ 0 \leqq \varphi_1(x) \leqq y \leqq \varphi_2(x)\} \quad (2.32)$$
とする．この図形を x 軸のまわりに回転してできる回転体を R とし，この体積 V を求めよう．例によって区間 $[a,b]$ を n 等分して $a = t_0 < t_1 < \cdots < t_n = b$ とする．区間 $[t_i, t_{i+1}]$ で厚さ $\dfrac{b-a}{n}$ の半径 $\varphi_2(t_i)$ の円盤から半径 $\varphi_1(t_i)$ の円盤をくり抜いたもので R を近似したと考えれば，その薄い円盤の体積は
$$\frac{b-a}{n}(\pi\varphi_2(t_i)^2 - \pi\varphi_1(t_i)^2)$$
であり，R の体積 V はそれらの和で近似されるから，$n \to \infty$ とした極限としての**回転体の体積** V は (2.14) によって
$$V = \pi \int_a^b (\varphi_2(x)^2 - \varphi_1(x)^2)\, dx$$
で与えられる．

例 2.22　1.　この考え方が正しいことをみるために，半径 r の球の体積をこの方法で求めてみよう．原点を中心とする半径 r の球は半円
$$D = \left\{(x,y) \mid -r \leqq x \leqq r,\ 0 \leqq y \leqq \sqrt{r^2 - x^2}\right\}$$

を x 軸に関して回転した図形とみて
$$\varphi_2(x) = \sqrt{r^2 - x^2},\ \varphi_1(x) = 0$$
である．したがって，体積 V は
$$V = \pi \int_{-r}^{r} (r^2 - x^2)\,dx$$
$$= 2r^3\pi - \pi \left[\frac{1}{3}x^3\right]_{-r}^{r}$$
$$= 2r^3\pi - \frac{2}{3}r^3\pi$$
$$= \frac{4}{3}r^3\pi$$
となる．
2. 図 2.12.2 のように半径 r の円板を半径 a の円周上で回転させたドーナツの体積を考えよう．D を中心を $(0,a)$ とする半径 $r(<a)$ の円とすると

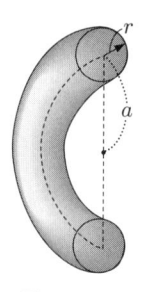

図 **2.12.2**

$$D = \{(x,y) \mid x^2 + (y-a)^2 \leqq r^2\}$$
だから D を (2.32) のように表すと $-r \leqq x \leqq r$ で
$$\varphi_2(x) = a + \sqrt{r^2 - x^2},\ \varphi_1(x) = a - \sqrt{r^2 - x^2}$$
となるから
$$\varphi_2(x)^2 - \varphi_1(x)^2 = 4a\sqrt{r^2 - x^2}$$
となって
$$V = \pi \int_{-r}^{r} 4a\sqrt{r^2 - x^2}\,dx$$

$$= 4a\pi \int_{-r}^{r} \sqrt{r^2 - x^2}\, dx$$

$$= 4a\pi \left(\frac{\pi r^2}{2} \right) \quad (\text{積分は半径 } r \text{ の半円の面積})$$

$$= 2a\pi \cdot \pi r^2 \quad (\text{円の中心の動いた距離}\cdot\text{円の面積})$$

を得る.

次に D を xy 平面の領域とする.例によって小正方形でいくらでも近似できるとする.空間の点 $\mathrm{P}(a,b,c)$ $(c>0)$ と D の点たちを結んで得られる空間の集合を D を底面とする錐といおう.D が円,正方形なら円錐,角錐である.この体積は

$$\frac{c}{3} \times (D \text{ の面積}) \tag{2.33}$$

で与えられることをみよう.

まず D が 1 辺の長さが ε の正方形の角錐のときは高さが $c-t$ での切り口は 1 辺の長さが $\dfrac{t\varepsilon}{c}$ の正方形である.

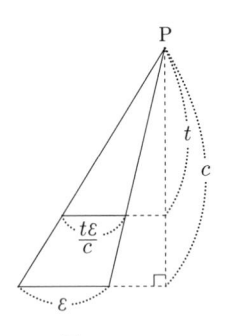

図 **2.12.3**

したがって,いままでの考え方で**角錐の体積**は

$$\int_0^c \left(\frac{t\varepsilon}{c} \right)^2 dt = \frac{\varepsilon^2}{c^2} \left[\frac{t^3}{3} \right]_0^c = \frac{c\varepsilon^2}{3}$$

となり,角錐に対して (2.33) は正しい.

次に D を小正方形の集まり D' で近似すると各小正方形を底面とする角錐に対しては (2.33) は正しいから，その集まりとして D' に対しても (2.33) は正しい．よって，小正方形の 1 辺の長さをどんどん小さくして D を近似すればその極限として (2.33) を得る．

最後に**重心**について注意しておこう．D を xy 平面の領域とし，関数 $\rho(x,y)$ を

$$\rho(x,y) = \begin{cases} 1 & ((x,y) \in D), \\ 0 & ((x,y) \notin D) \end{cases}$$

と定め，

$$\int_{\mathbb{R}} x \left(\int_{\mathbb{R}} \rho(x,y)\,dy \right) dx = \int_{\mathbb{R}} y \left(\int_{\mathbb{R}} \rho(x,y)\,dx \right) dy = 0 \tag{2.34}$$

と仮定する．

まず (2.34) の意味を説明しておこう．$\int_{\mathbb{R}} \rho(x,y)\,dy$ は点 $(x,0)$ を通り y 軸に平行な直線と D との共通部分の長さである．また

$$\int_{\mathbb{R}} x \left(\int_{\mathbb{R}} \rho(x,y)\,dy \right) dx$$
$$= \int_{-\infty}^{0} x \left(\int_{\mathbb{R}} \rho(x,y)\,dy \right) dx + \int_{0}^{\infty} x \left(\int_{\mathbb{R}} \rho(x,y)\,dy \right) dx$$
$$= -\int_{0}^{\infty} x \left(\int_{\mathbb{R}} \rho(-x,y)\,dy \right) dx + \int_{0}^{\infty} x \left(\int_{\mathbb{R}} \rho(x,y)\,dy \right) dx$$

だから (2.34) は

$$\int_{0}^{\infty} x \left(\int_{\mathbb{R}} \rho(-x,y)\,dy \right) dx = \int_{0}^{\infty} x \left(\int_{\mathbb{R}} \rho(x,y)\,dy \right) dx$$

である．これは D を薄い均質な板と考え，x 軸を水平にとって垂直に板を立てたとき原点で釣り合いがとれていることを意味している (正方向の力のモーメントと負の方向のが釣り合っている)．もう 1 つの積分についても同様で，そちらは y 軸を水平にとったとき原点で釣り合いがとれていることを意味している．ここからは，x 軸や y 軸以外の原点を通る直線 $y = ax$ $(a \neq 0)$ についてもその直線を水平にして板を立てれば原点で釣り合いがとれることをいう (原点が重心)．

それには $y = ax$ で定義される直線 ℓ 上の，原点から s の距離の点でそれに直交する直線 m と D との共通部分の長さを積分したものが 0 であることをいえばよい．

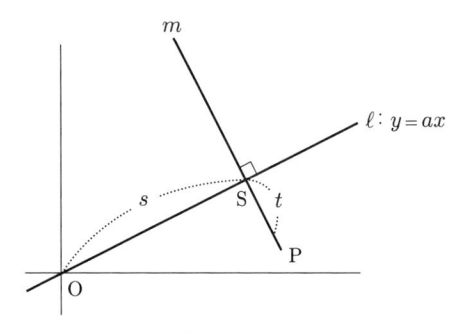

図 2.12.4

まず直線 ℓ 上の原点から s の距離の点 S は $\dfrac{s}{\sqrt{1+a^2}}(1,a)$ である（$(1,a)$ を正の方向とした）．さてこの点を通り ℓ に直交する直線 m は
$$y - s\frac{a}{\sqrt{1+a^2}} = -\frac{1}{a}\left(x - s\frac{1}{\sqrt{1+a^2}}\right)$$
で与えられる．点 S から長さ t の距離にある直線 m 上の点 P の座標は
$$\frac{s}{\sqrt{1+a^2}}(1,a) + \frac{t}{\sqrt{1+a^{-2}}}(1,-a^{-1})$$
だから上と同様の考えで
$$I = \int_{\mathbb{R}} s \left(\int_{\mathbb{R}} \rho\left(\frac{s}{\sqrt{1+a^2}}(1,a) + \frac{t}{\sqrt{1+a^{-2}}}(1,-a^{-1})\right) dt \right) ds$$
とおいて $I = 0$ がいえればよい．この積分は
$$u = s\frac{1}{\sqrt{1+a^2}} + t\frac{1}{\sqrt{1+a^{-2}}}, \quad v = s\frac{a}{\sqrt{1+a^2}} + t\frac{-a^{-1}}{\sqrt{1+a^{-2}}}$$
とおき，$\delta = \dfrac{|a|}{a}$ に対して
$$\begin{pmatrix} s \\ t \end{pmatrix} = \begin{pmatrix} \dfrac{1}{\sqrt{1+a^2}} & \dfrac{a}{\sqrt{1+a^2}} \\ \dfrac{\delta a}{\sqrt{1+a^2}} & \dfrac{-\delta}{\sqrt{1+a^2}} \end{pmatrix} \begin{pmatrix} u \\ v \end{pmatrix},$$

$$\det\begin{pmatrix} \dfrac{1}{\sqrt{1+a^2}} & \dfrac{1}{\sqrt{1+a^{-2}}} \\ \dfrac{a}{\sqrt{1+a^2}} & \dfrac{-a^{-1}}{\sqrt{1+a^{-2}}} \end{pmatrix} = -\delta$$

に注意して累次積分の公式と (2.29) を適用すると

$$I = \int_\mathbb{R} s\left(\int_\mathbb{R} \rho\left(\frac{s}{\sqrt{1+a^2}}(1,a) + \frac{t}{\sqrt{1+a^{-2}}}(1,-a^{-1})\right)dt\right)ds$$

$$= \iint s\rho(u,v)\,dsdt$$

$$= \iint \left(\frac{u}{\sqrt{1+a^2}} + \frac{av}{\sqrt{1+a^2}}\right)\rho(u,v)\,dudv$$

$$= \frac{1}{\sqrt{1+a^2}}\iint u\rho(u,v)\,dudv + \frac{a}{\sqrt{1+a^2}}\iint v\rho(u,v)\,dudv$$

$$= 0$$

となる．最後の等号は x,y を u,v に置き換えた仮定 (2.34) による．

ρ は D の上で恒等的に 1 (すなわち形状 D をもつ薄板は均質である) と仮定したが，そのことは使っていない．すなわち薄板の材質は何であっても，ある点で x 軸方向と y 軸方向に釣り合いがとれれば，どの方向にも釣り合いがとれることが重積分の変数変換の応用として証明された．

一般に式 (2.34) のかわりに

$$\int_\mathbb{R}(x-a)\left(\int_\mathbb{R}\rho(x,y)dy\right)dx = \int_\mathbb{R}(y-b)\left(\int_\mathbb{R}\rho(x,y)dx\right)dy = 0 \quad (2.35)$$

なら (a,b) で釣り合いがとれていることを示しているから (a,b) が重心である．この式から a,b が求められる．

問題 2.12 [A]

1. 三角形 ABC に対し頂点をベクトルと見て三頂点の和が原点とする．このとき式 (2.34) が成り立つことを確かめよ．
2. 次の各問に答えよ．
   (1) 平面上の領域 D が x 軸，y 軸に関して対称であるとする．このとき D を原点を中心として回転した図形の重心は原点であることを

示せ (重心である原点は D の内部にあるとは限らない).
   (2) 平面上の領域 D_i $(i=1,2)$ がともに原点を重心にもち, D_1 が D_2 を含むとする.このとき D_1 から D_2 を取り去った領域 D_3 も原点を重心にもつことを示せ.
3. 次の各問に答えよ.
   (1) 平面上の半円 $D = \{(x,y) \mid x^2+y^2 \leqq 1, y \geqq 0\}$ の重心を求めよ.
   (2) 図形 $D = \{(x,y) \mid x \geqq 0, x^2+y^2 \geqq 1, \dfrac{x^2}{a^2}+y^2 \leqq 1\,(a>1)\}$ の重心 G が D 上にあるときの a の範囲を求めよ.
4. (1) 区間 $[0,1]$ を 1 辺とする正方形を x 軸のまわりに回転してできる立体の体積を求めよ.
   (2) 区間 $[0,1]$ を 1 辺とする正三角形を x 軸のまわりに回転してできる立体の体積を求めよ.
5. (1) **サイクロイド** : $x = t - \sin t, y = 1 - \cos t$ $(0 \leqq t \leqq 2\pi)$ を x 軸のまわりに回転してできる立体の体積を求めよ.
   (2) **アステロイド**: $x = \cos^3 t, y = \sin^3 t$ $(-\pi \leqq t \leqq \pi)$ の図を描き,それを x 軸のまわりに回転してできる立体の体積を求めよ.
6. (1) $x^2 + (y-4)^2 = 4$ を x 軸のまわりに回転してできる立体の体積を求めよ.
   (2) $y = \cos x\,(0 \leqq x \leqq \dfrac{\pi}{2})$ を x 軸のまわりに回転してできる立体の体積 V_x と y 軸のまわりに回転してできる立体の体積 V_y をそれぞれ求めよ.
   (3) 楕円 $\dfrac{x^2}{a^2} + \dfrac{y^2}{b^2} = 1$ $(a>0, b>0)$ を x 軸のまわりに回転してできる立体の体積 V_x と, y 軸のまわりに回転してできる立体の体積 V_y を求めよ.

問題 2.12 [B] 曲線 $y^2(1+x) = x^2(1-x)$ について, 次の問いに答えよ.
(1) グラフの概形を描け.
(2) このグラフの閉じた部分を x 軸のまわりに回転してできる立体の体積を求めよ.
(3) この曲線の $x < 0$ の部分で $x = a\,(-1 < a < 0)$ で y 軸に平行に引いた直

線とこのグラフで囲まれる部分を x 軸のまわりに回転してできる立体の体積を V_a とするとき, $\lim_{a \to -1} V_a$ を求めよ.

2.13 線積分とグリーンの定理

曲線 C が変数 t を使って
$$C : \{(x(t), y(t)) \mid a \leqq t \leqq b\}$$
と表されてるとする. このとき微分 $x'(t), y'(t)$ はともに連続と仮定し, 関数 $f(x, y)$ に対して
$$\int_C f(x,y) dx = \int_a^b f(x(t), y(t)) x'(t)\, dt$$
$$\int_C f(x,y) dy = \int_a^b f(x(t), y(t)) y'(t)\, dt$$
と定義し, それぞれ x, y に関する C に沿っての $f(x, y)$ の **線積分** という.

例 2.23 C を半径 r の円とし
$$C : \{(r\cos t, r\sin t) \mid 0 \leqq t \leqq 2\pi\}$$
と表すと
$$\begin{aligned}
\int_C x\, dy &= \int_0^{2\pi} (r\cos t)^2\, dt \\
&= r^2 \int_0^{2\pi} \cos^2 t\, dt \\
&= r^2 \int_0^{2\pi} \frac{1 + \cos 2t}{2}\, dt \\
&= r^2 \pi + \frac{r^2}{2} \left[\frac{1}{2} \sin 2t \right]_0^{2\pi} \\
&= \pi r^2
\end{aligned}$$
であり, 同様に
$$\int_C (-y)\, dx = \int_0^{2\pi} (-r\sin t)^2\, dt$$

$$= r^2 \int_0^{2\pi} \sin^2 t \, dt$$
$$= r^2 \int_0^{2\pi} (1 - \cos^2 t) \, dt$$
$$= 2\pi r^2 - \pi r^2$$
$$= \pi r^2$$

となって上の線積分はともに C の囲む図形である半径 r の円の面積になっている．これは偶然ではなく以下に述べるグリーンの定理の特別な場合である．

図 2.13.1 のような縦線領域 D を考え，境界 C を

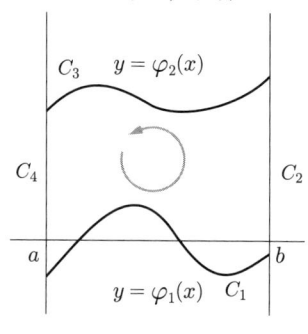

図 2.13.1

$$C_1 : \{(t, \varphi_1(t)) \mid a \leqq t \leqq b\},$$
$$C_2 : \{(b, t) \mid \varphi_1(b) \leqq t \leqq \varphi_2(b)\},$$
$$C_3 : \{(t, \varphi_2(t)) \mid a \leqq t \leqq b\},$$
$$C_4 : \{(a, t) \mid \varphi_1(a) \leqq t \leqq \varphi_2(a)\}$$

と表す．例によって縦線領域や横線領域を定義する関数 φ_1, φ_2 は連続と仮定している．このとき関数 $f(x,y)$ の D を左手に見て C に沿っての線積分を

$$\int_C f(x,y)\,dx = \left(\int_{C_1} + \int_{C_2} - \int_{C_3} - \int_{C_4} \right) f(x,y)\,dx$$
$$= \int_a^b f(t, \varphi_1(t))\,dt - \int_a^b f(t, \varphi_2(t))\,dt \qquad (2.36)$$

で定義する．ここで C_2, C_4 上での積分は x が定数だから $\dfrac{dx}{dt} = 0$ となり，C_1 と C_3 上の積分だけが残る．そこでは $x(t) = t$ だから $\dfrac{dx}{dt} = 1$ である．定義にマイナスが入っているのは C_1, C_2 上では t が増加するとき境界上の点は D を左手に見ながら進むが，C_3, C_4 上では t が増加するとき D を右手に見て進むことになり，反対方向になるのでマイナスがついている．実際 C_3 を

$$C_3' : \{(-t+a+b, \varphi_2(-t+a+b)) \mid a \leqq t \leqq b\}$$

と表すと t が増加するとき D を左手に見て進み

$$\int_{C_3'} f(x,y)\,dx = \int_a^b f(-t+a+b, \varphi_2(-t+a+b))(-1)\,dt$$

$$= \int_b^a f(T, \varphi_2(T))\,dT \qquad (T = -t+a+b)$$

$$= -\int_a^b f(T, \varphi_2(T))\,dT$$

$$= -\int_{C_3} f(x,y)\,dx$$

となっている．この記法を使って

定理 2.10 φ_1, φ_2 はともに連続とし，C, D を図 2.13.1 のものとする．連続関数 $P(x,y)$ に対し偏微分 P_y は連続とすると

$$\iint_D P_y(x,y)\,dxdy = -\int_C P(x,y)\,dx$$

が成り立つ．

証明：左辺は累次積分を使って

$$\iint_D P_y(x,y)\,dxdy = \int_a^b dx \int_{\varphi_1(x)}^{\varphi_2(x)} P_y(x,y)\,dy$$

$$= \int_a^b [P(x,y)]_{\varphi_1(x)}^{\varphi_2(x)}\,dx$$

$$= \int_a^b \left(P(x, \varphi_2(x)) - P(x, \varphi_1(x))\right) dx$$

である．一方，右辺は (2.36) を用いて

$$-\int_C P(x,y)\,dx = -\left(\int_{C_1}+\int_{C_2}-\int_{C_3}-\int_{C_4}\right)P(x,y)\,dx$$
$$= -\int_a^b P(t,\varphi_1(t))\,dt + \int_a^b P(t,\varphi_2(t))\,dt$$

となって左辺と一致する．

上の定理は図 2.13.2 のようないくつかの縦線領域に分割できるような図形でも成り立つ．それは境界 C 上での領域を左手に見ながらの積分を分割された縦線領域での積分の和として書けばよい．このとき領域を分割する縦線上では上の証明にあるように積分は 0 になっているから結局もとの境界 C での積分になる．

同様に図 2.13.3 のような横線領域で考えると

$$\iint_D Q_x(x,y)\,dxdy = \int_C Q(x,y)\,dy$$

が成り立つ．このときマイナス符号がないことに注意しておく．この差が出るのは C での積分をこの場合も D を左手に見るように進んでいるからである．右手に見るように進めばやはりマイナスがつく．これらをまとめて次のように述べられる．

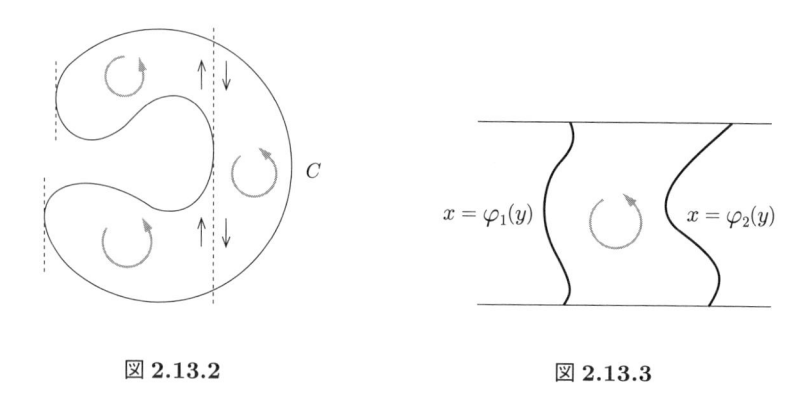

図 2.13.2   図 2.13.3

定理 2.11 (グリーンの定理) 境界 C をもつ有界な領域 D はいくつかの縦線領域にも横線領域にも分割できるものとし，さらに各々の領域の図 2.13.1,

2.13.3 にある境界を定める関数 φ_1, φ_2 は連続な関数で与えられるものとする. また関数 $P(x,y), Q(x,y)$ を C, D を含む領域で P_y, Q_x もともに連続とする. このとき

$$\iint_D (Q_x(x,y) - P_y(x,y))\,dxdy = \int_C (P(x,y)\,dx + Q(x,y)\,dy)$$

が成り立つ[9].

この定理が大事なのは被積分関数が $Q_x(x,y) - P_y(x,y)$ と表されるような P, Q があるときには平面の領域 D 上の積分が D の境界の曲線 C の積分に帰着されるという点である. 累次積分も 1 次元の積分に帰着されるが二重になっている.

これはまた区間 $[a,b]$ での関数 $f(x)$ の積分の値が f の原始関数 F の積分域の境界, すなわち a,b での値で決まっていることの拡張でもある.

定理で $P(x,y) = -y, Q(x,y) = x$ とおくと $Q_x - P_y = 2$ となり,

$$2 \times (D\text{ の面積}) = \int_C (-y\,dx + x\,dy)$$

となる. また, 領域 D の境界 C は図 2.13.2 のように 1 つでなくても (証明を思い出せば) 図 2.13.4 のように 2 つ以上あってもよい.

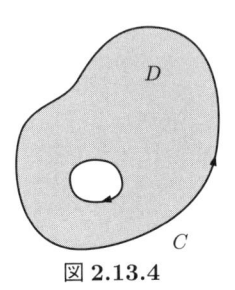

図 2.13.4

問題 2.13 [A] 次の線積分を計算せよ.

1. $\displaystyle\int_C (y\,dx + x\,dy)$ $C : x = t,\, y = t^2$ $(0 \leqq t \leqq 1)$

---
[9] 少しくどいが, 右辺の線積分は D を縦線領域や横線領域に分割し, (2.36) の定義による計算だから, C は区分的に連続な関数 φ や ψ で $(x, \varphi(x)), (\psi(y), y)$ と表されているとして線積分を計算している.

2. $\displaystyle\int_C (xy\,dx + (1-x^2)\,dy)$ $C: x = e^t,\ y = e^{-t}$ $(0 \leqq t \leqq 1)$

3. $\displaystyle\int_C ((x-y)\,dx + xy\,dy)$ $C:$ 点 $(1,2)$ から点 $(2,3)$ への線分

4. $\displaystyle\int_C (e^{x-y}\,dx + e^{x+y}\,dy)$ $C:$ 点 $(2,1)$ から点 $(-1,2)$ への線分

5. $\displaystyle\int_C (y\,dx + x\,dy)$ $C: x^2 + y^2 = a^2$ (反時計回り)

6. $\displaystyle\int_C ((2xy + y^2)\,dx + (x^2 + 3xy)\,dy)$ $C:(0,0),(1,0),(1,1),(0,1)$ を頂点とする正方形 (反時計回り)

問題 2.13 [B] 次の各場合について線積分 I を計算せよ.

$$I = \int_C ((2x-y)dx + (x-y)dy)$$

(1) $C:$ 点 $(0,0)$ から点 $(1,1)$ へ直線で
(2) $C:$ 点 $(0,0)$ から点 $(1,0)$ へ行き, 点 $(1,0)$ から点 $(1,1)$ へ行く.
(3) 円 $x^2 + (y-1)^2 = 1$ の上を正のまわりに点 $(0,0)$ から点 $(1,1)$ へ行く.

2.14 ラプラス変換

工学で使われるラプラス変換の簡単な事実をあげておこう. 区間 $[0,\infty)$ で定義された関数 $f(x)$ に対して

$$F(s) = \int_0^\infty e^{-st} f(t)\,dt$$

が存在すればこの s の関数 $F(s)$ を**ラプラス変換**と呼び, $\mathcal{L}(f)$ と書く. またもとの関数 f を省いても混乱しないときには単に $\mathcal{L}$ と書く.

例 2.24   1. $\mathcal{L}(f), \mathcal{L}(g)$ が存在するとすると

$$\mathcal{L}(af(t) + bg(t)) = a\mathcal{L}(f(t)) + b\mathcal{L}(g(t))$$

である.

証明は定義から

$$\mathcal{L}(af(t) + bg(t)) = \int_0^\infty e^{-st}(af(t) + bg(t))\,dt$$

$$= a\int_0^\infty e^{-st}f(t)\,dt + b\int_0^\infty e^{-st}g(t)\,dt$$

$$= a\mathcal{L}(f(t)) + b\mathcal{L}(g(t))$$

となる.

2. $f(t) = 1\ (t \geqq 0)$ とすると $s > 0$ のとき
$$\mathcal{L}(s) = \int_0^\infty e^{-st}\,dt = \left[\frac{-1}{s}e^{-st}\right]_0^\infty = \frac{1}{s}$$

3. $f(t) = t$ とすると
$$\mathcal{L}(s) = \int_0^\infty e^{-st}t\,dt$$

だから部分積分法を使うことにして $(te^{-st})' = e^{-st} + t(-s)e^{-st}$, すなわち $te^{-st} = \dfrac{e^{-st}}{s} - \dfrac{(te^{-st})'}{s}$ を使って, $s > 0$ なら
$$\mathcal{L}(s) = \left[-\frac{te^{-st}}{s}\right]_0^\infty + \int_0^\infty \frac{e^{-st}}{s}\,dt = \frac{1}{s^2}$$

4. $f(t) = e^{at}$ とすると $s - a > 0$ のとき
$$\mathcal{L}(s) = \int_0^\infty e^{-st}e^{at}\,dt = \int_0^\infty e^{-(s-a)t}\,dt = \frac{1}{s-a} \tag{2.37}$$

5. 区間 $[0, \infty)$ 上の関数 $f(x)$ に対して $s > \gamma$ なら
$$\mathcal{L}(s) = \int_0^\infty e^{-st}f(t)\,dt$$

が存在するとする. このとき $s - a > \gamma$ なら
$$\mathcal{L}(e^{at}f(t))(s) = \int_0^\infty e^{-st}\left(e^{at}f(t)\right)dt = \mathcal{L}(f)(s-a)$$

である.

6. 区間 $[0, \infty)$ 上の関数 $f(x)$ に対して
$$|f(t)| \leqq Me^{\gamma t}$$

が成り立つとする. このとき $s > \gamma$ なら
$$\mathcal{L}(f') = s\mathcal{L}(f) - f(0) \tag{2.38}$$

が成り立つ．

証明は次のように部分積分法を使えばよい．$(e^{-st}f(t))' = (-s)e^{-st}f(t) + e^{-st}f'(t)$ だから

$$e^{-st}f'(t) = (e^{-st}f(t))' + se^{-st}f(t)$$

となって

$$\mathcal{L}(f'(t)) = [e^{-st}f(t)]_0^\infty + \int_0^\infty se^{-st}f(t)\,dt = -f(0) + s\mathcal{L}(f(t))$$

を得る．ここで

$$|e^{-st}f(t)| \leqq e^{-st} \cdot Me^{\gamma t} = Me^{-(s-\gamma)t} \to 0 \quad (t \to \infty)$$

を使った．

これらの例から推察できるように適当な解析的条件の下では関数 f をラプラス変換してしまえば微分 f' のラプラス変換と簡単な関係で結ばれてしまう．このことを利用してある種の微分方程式はラプラス変換を用いて代数的に解くことができる．

例 2.25 簡単な例をあげよう．

$$y'' + 4y' + 3y = 0, \quad y(0) = 3, y'(0) = 1$$

を解いてみよう．

細かい条件は忘れて，上に挙げた結果を適用して答えを予測する．$Y(s) = \mathcal{L}(y)$ とおくと (2.38) から

$$\mathcal{L}(y') = s\mathcal{L}(y) - y(0) = sY - 3$$

であり，再度 (2.38) を用いて

$$\mathcal{L}(y'') = s\mathcal{L}(y') - y'(0) = s^2Y - 3s - 1$$

である．これを与式をラプラス変換した式に代入すると

$$(s^2Y - 3s - 1) + 4(sY - 3) + 3Y = (s^2 + 4s + 3)Y - 3s - 13 = 0$$

となり，$s^2 + 4s + 3 = (s+1)(s+3)$ だから

$$Y = \frac{3s + 13}{(s+1)(s+3)} = \frac{5}{s+1} - \frac{2}{s+3}$$

を得る．一方 (2.37) から上式の右辺は
$$5\mathcal{L}(e^{-t}) - 2\mathcal{L}(e^{-3t})$$
に等しいから
$$Y = \mathcal{L}(y) = 5\mathcal{L}(e^{-t}) - 2\mathcal{L}(e^{-3t})$$
となり，
$$y = 5e^{-t} - 2e^{-3t}$$
と答えの予測がついた．実際これが与式を満たすことは容易に確かめられる[10]．

問題 2.14 [A] 次の関数のラプラス変換を求めよ．

(1) $2t + 3$ 　　　　　　　　　　(2) $t^2 + at + b$

(3) $\sin\left(\dfrac{2n\pi t}{T}\right)$ (n : 整数) 　(4) $\cos(\omega t + \theta)$

(5) $\cos^2 t$ 　　　　　　　　　　(6) e^{at+b}

問題 2.14 [B] 区間 $[0, \infty)$ 上の関数 $f(x)$ と自然数 n に対して $f^{(1)}, \cdots, f^{(n)}$ がすべて連続で，
$$|f^{(k)}(t)| \leq Me^{\gamma t} \quad (k = 0, 1, \cdots n-1)$$
が成り立つとする．このとき $s > \gamma$ なら
$$\mathcal{L}(f^{(n)}) = s^n \mathcal{L}(f) - s^{n-1}f(0) - s^{n-2}f'(0) - \cdots - f^{(n-1)}(0)$$
を $n = 2, 3$ のときに示せ．ここで $f^{(k)}(0) = \lim_{\varepsilon \to 0} f^{(k)}(\varepsilon)$ と定義しておく．

---

[10] 積分の簡単な応用としてラプラス変換について述べたが，この方法に興味をもつ読者はミクシンスキの演算子法を学ばれるとよい (ミクシンスキー：演算子法 上・下 (松浦，松村，笠原訳) 裳華房)．

問題解答

問題 1.1 [A]　略
問題 1.1 [B]　略
問題 1.2 [A]

1. (1) 4　　(2) $\dfrac{1}{3}$　　(3) $\dfrac{4}{3}$　　(4) 2　　(5) 0
　　(6) 振動　(7) 0　　(8) 発散　(9) $\sqrt{3}$
2. (1) 増加は明らか．限界はある．　(2) 増加は明らか．限界はある．
　　(3) 増加は明らか．限界はない．

問題 1.2 [B]

1. 略

問題 1.3 [A]

1. (1)

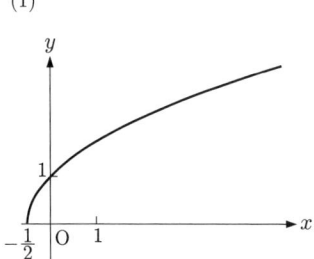

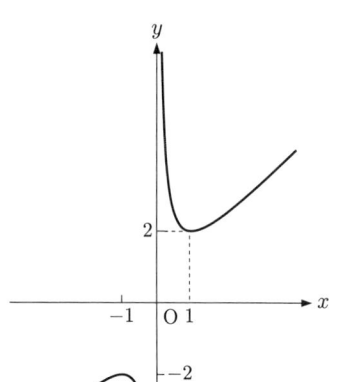

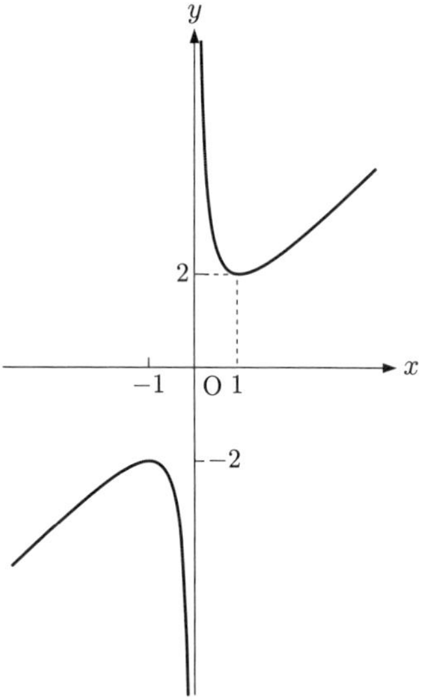

(3)

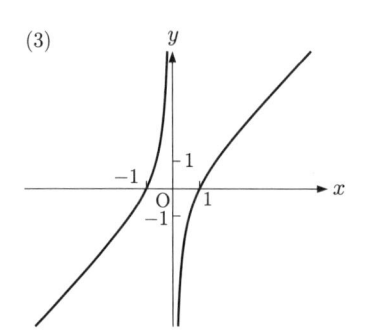

(4)

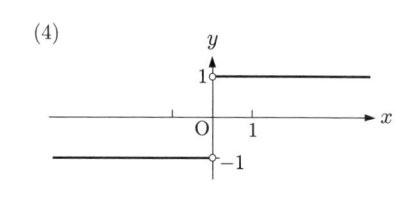

(5) [グラフ]

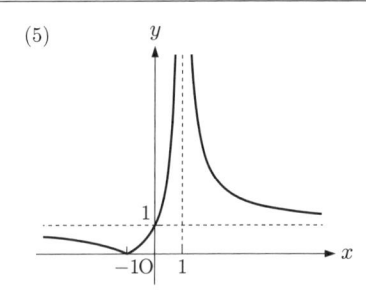

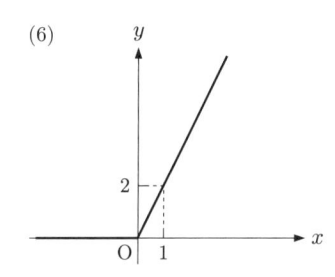

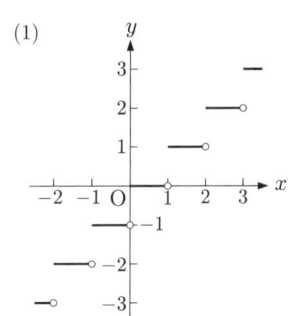

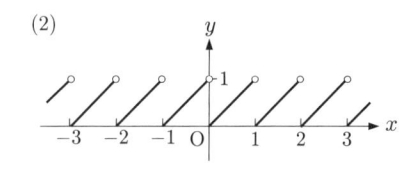

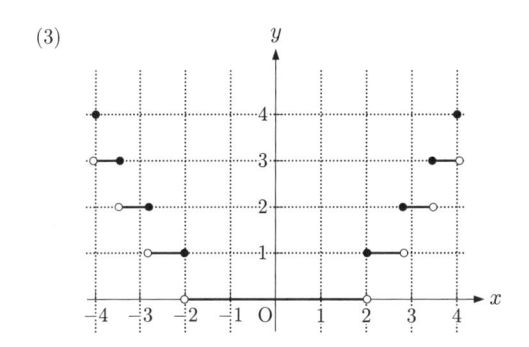

(6) [グラフ]

2. (1) [グラフ]

(2) [グラフ]

(3) [グラフ]

3. $a=0$ または $r=0$ なら有界数列, 単調増加数列, 単調減少数列である. これ以外の場合 $(ar \neq 0)$ を考えると 有界数列 $\Leftrightarrow |r| \leqq 1$, 単調増加数列 $\Leftrightarrow a>0, r \geqq 1$ または $a<0, 0<r \leqq 1$, 単調減少数列 $\Leftrightarrow a>0, 0<r \leqq 1$ または $a<0, r \geqq 1$

問題 1.3 [B] 略

問題 1.4 [A]

1. (1) $x+1$, $\sqrt{x^2+1}$ (2) $\cos 3x$, $3\cos x$

2. (1) $f^{-1}(x) = 3x + 3$ (2) $f^{-1}(x) = \sqrt{x}$

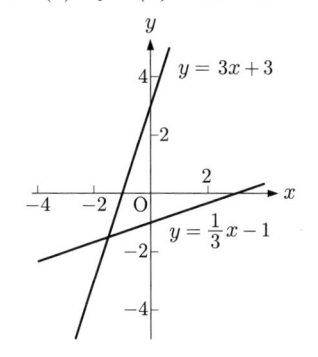

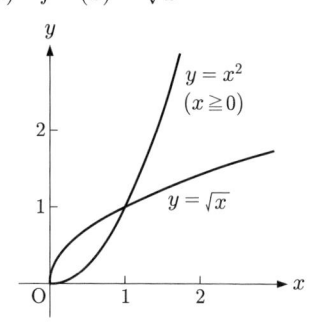

(3) $f^{-1}(x) = \dfrac{1}{x}$ 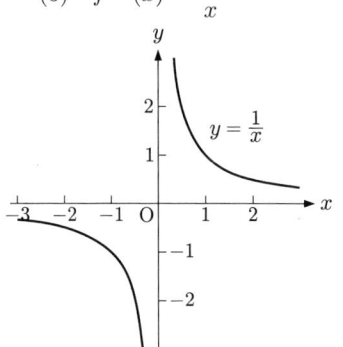   (4) $f^{-1}(x) = -\dfrac{3}{x-2} - 1$

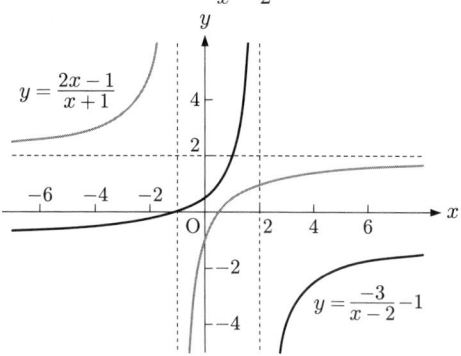

3. $f^{-1}(x) = -\dfrac{dx - b}{cx - a}$

4. (1) 図 1.10.4 参照
   (2) 図 1.10.5 参照
   (3) 図 1.10.6 参照

問題 1.4 [B]

1. $y = (g \circ f)(x) = x^2 - [x^2]$.

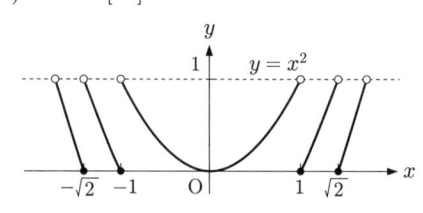

2. $f(x) = (x+2)^2 + 1$ なので $x \leqq -2$ と $-2 \leqq x$ と分ければよい.
$(-\infty, -2)$ での逆関数は,$y = -\sqrt{x-1} - 2\ (x \geqq 1)$.
$(-2, \infty)$ では,$y = \sqrt{x-1} - 2\ (x \geqq 1)$.

問題 1.5 [A]

1. (1) $y = 2x + 1$ (2) $y = -x - 9$ (3) $y = 2x - 1$

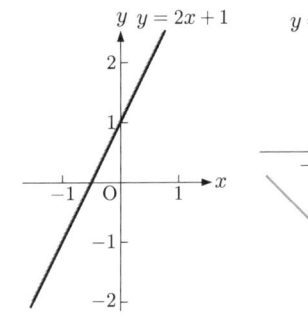

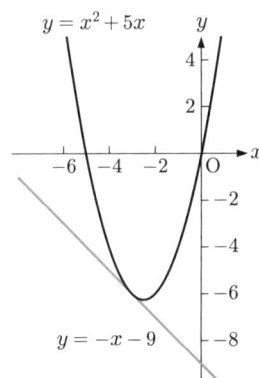

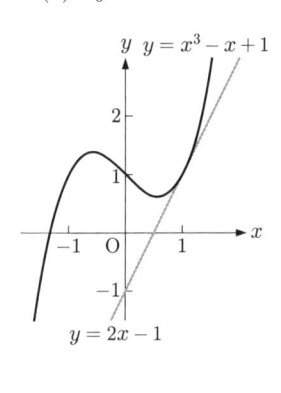

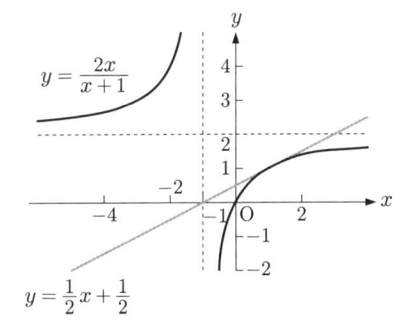

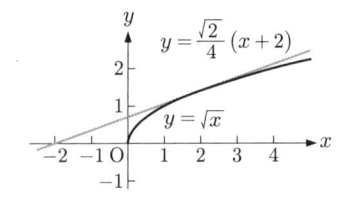

   (4) $y = \dfrac{x+1}{2}$ (5) $y = \dfrac{\sqrt{2}}{4}x + \dfrac{\sqrt{2}}{2}$

2. (1) 3 (2) $2x + 5$ (3) $4x^3 + 8x + 3$

   (4) $-\dfrac{1}{x^2} - \dfrac{2}{x^3}$ (5) $\dfrac{2}{(x+1)^2}$ (6) $-\dfrac{2(x^2 + 2x)}{(x^2 - x - 1)^2}$

   (7) $-\dfrac{x^4 + 15x^2 + 4x}{(x^3 + x^2 + 3)^2}$ (8) $\dfrac{-x^2 + 2x + 1}{(x^2 + 1)^2}$ (9) $\dfrac{1-x}{2\sqrt{x}(x+1)^2}$

3. (1) $2ax+b$ (2) $4x^3$ (3) $-x^{-2}$
   (4) $-2x^{-3}$ (5) $\dfrac{1}{3}x^{-\frac{2}{3}}$
4. (1) -1 (2) 24 (3) 1

問題 1.5 [B]

1. (1) $a_0 = f(0) = 1$ (2) $a_1 = f'(0) = n$
   (3) $a_k = \dfrac{n!}{k! \times (n-k)!}$

2. $a_0 = 1,\ a_1 = -\dfrac{1}{2},\ a_2 = -\dfrac{1}{8},\ a_3 = -\dfrac{3}{48} = -\dfrac{1}{16},$
   $a_4 = -\dfrac{15}{384} = -\dfrac{5}{128},\ a_5 = -\dfrac{105}{3840} = -\dfrac{7}{256}$

問題 1.6 [A]

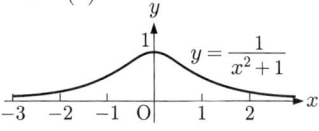

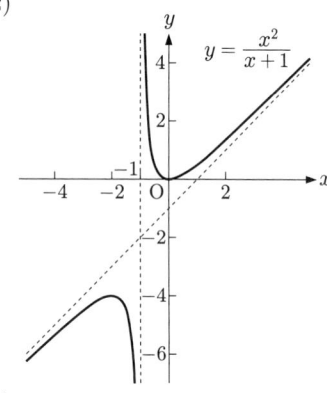

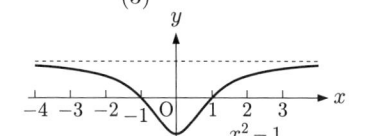

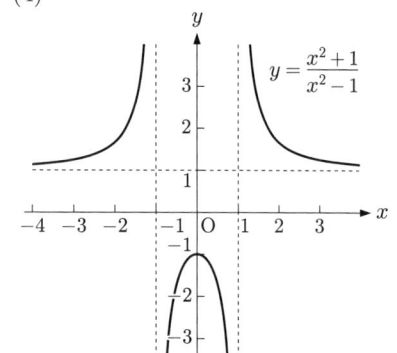

1. (1) グラフ: $y = \dfrac{1}{x^2+1}$

   (2) グラフ: $y = \dfrac{x^2}{x+1}$

   (3) グラフ: $y = \dfrac{x^2-1}{x^2+1}$

   (4) グラフ: $y = \dfrac{x^2+1}{x^2-1}$

問題解答 177

2. $\theta = \dfrac{c-a}{b-a}$ とおけばよい．

3. (1) 最大値 $\dfrac{a^a b^b}{(a+b)^{a+b}}$, 最小値 0

   (2) 最大値なし，最小値 $\left(\dfrac{b}{a}\right)^{\frac{a}{a+b}} + \left(\dfrac{b}{a}\right)^{\frac{-b}{a+b}}$

4. 略

5. 略

問題 1.6 [B]

1. 略

2. 略

問題 1.7 [A]

1. (1) $3(x^2+x+1)^2(2x+1)$ (2) $15(3x+7)^4$

   (3) $an(ax+b)^{n-1}$ (4) $-\dfrac{2x+1}{(x^2+x+1)^2}$

   (5) $-\dfrac{3(2x+1)}{(x^2+x+1)^4}$ (6) $4\left(x+\dfrac{1}{x}\right)^3\left(1-\dfrac{1}{x^2}\right)$

   (7) $\dfrac{2x+3}{2\sqrt{x^2+3x+7}}$ (8) $\dfrac{\sqrt{x+\sqrt{x^2+1}}}{2\sqrt{x^2+1}}$

   (9) $\dfrac{8x^7(x-3)}{(2x-3)^5}$

2. (1) $12x^2+6$ (2) $30x^4+12x$

   (3) $-\dfrac{1}{4\sqrt{x+1}^3}$ (4) $\dfrac{-2(x^2-9)}{9(x^2+3)\sqrt[3]{x^2+3}^2}$

   (5) $\dfrac{2(3x^2-1)}{(x^2+1)^3}$ (6) $\dfrac{2x^3-6x}{(x^2+1)^3}$

3. (1) $m<0$ のとき $\dfrac{(-1)^n(-m+n-1)!}{(-m-1)!}x^{m-n}$,

   $n \leqq m$ のとき $\dfrac{m!}{(m-n)!}x^{m-n}$, $0 \leqq m < n$ のとき 0

   (2) $\dfrac{(-1)^n n!}{(x+1)^{n+1}}$ (3) $\dfrac{n!}{(1-x)^{n+1}}$ (4) $\dfrac{(n+1)!}{(1-x)^{n+2}}$

問題 1.7 [B]

(1) $abcx^{a-1}(x^a+1)^{b-1}\{(x^a+1)^b+1\}^{c-1}$

(2) $\dfrac{x}{4(x+1)\sqrt[4]{x+1}\sqrt{x+2}}$

問題 1.8 [A]

1. (1) $\dfrac{n(n+1)}{2}$ (2) $\dfrac{n(n+1)(2n+1)}{6}$ (3) $\left\{\dfrac{n(n+1)}{2}\right\}^2$

2. (1) $2^n - 1$ (2) $6 - 6\left(\dfrac{2}{3}\right)^n$

3. (1) $2 - \sqrt{2}$ (2) 発散 (3) 発散

問題 1.8 [B] 略

問題 1.9 [A]

1. (1) (2) (3) (4)

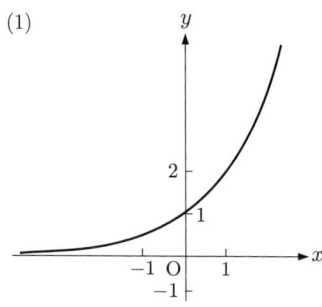

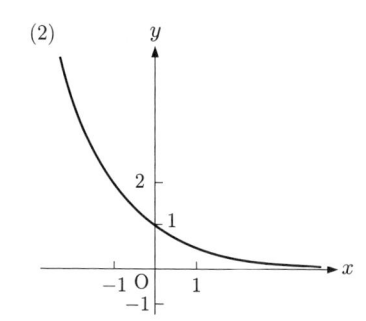

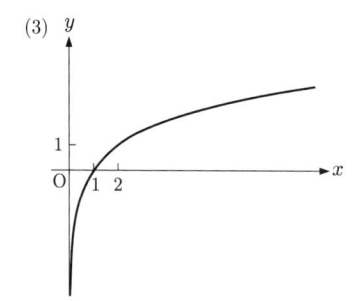

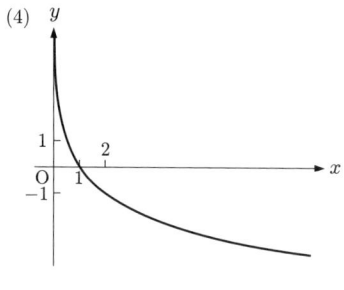

2. (1) $3e^{3x+4}$ (2) $2xe^{x^2}$ (3) $(1+x)e^x$
   (4) $\dfrac{2x}{x^2+1}$ (5) $1 + \log x$ (6) $\dfrac{1}{\sqrt{x^2+A}}$

3. (1) [グラフ] (2) [グラフ] (3) [グラフ]

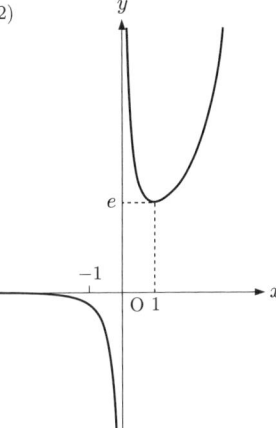

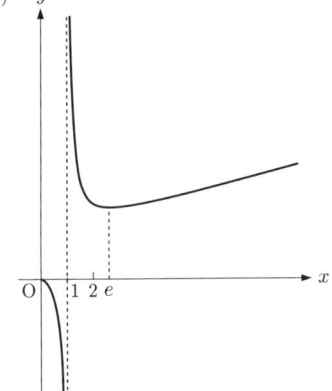

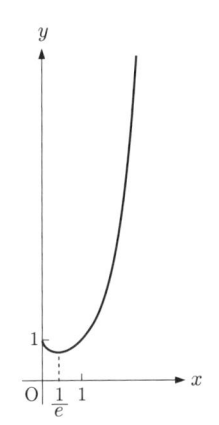

4. (1) 略　　(2) 略
   (3) $f(x) = 1 + x(e-1) - e^x$ とおく.
   $f'(x) = e - 1 - e^x = 0$ のとき，$x = \log(e-1) = 0.54132\cdots$.
   増減表を作る.

x	0	$\cdots$	$\log(e-1)$	$\cdots$	1
$f'(x)$	0.7	+	0	−	−1
$f(x)$	0	↗	最大値	↘	0

   増減表より $f(x) \geqq 0$ が成立して等号は $x = 0, 1$ のときのみ成立.

問題 1.9 [B]　略

問題 1.10 [A]

1. 略

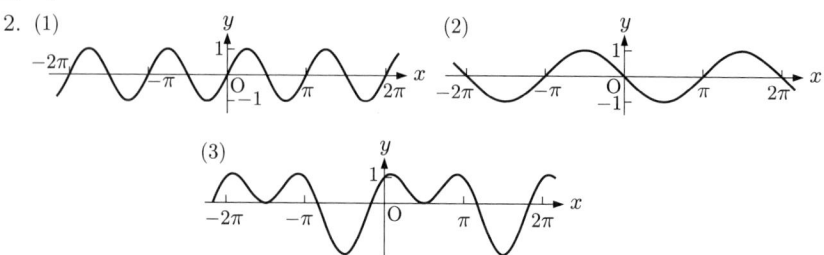

2. (1), (2), (3) グラフ略

3. (1) $\dfrac{\pi}{6}$ (2) $-\dfrac{\pi}{6}$ (3) $\dfrac{\pi}{2}$ (4) $\dfrac{\pi}{2}$ (5) 0
   (6) $\dfrac{\pi}{4}$ (7) $\dfrac{\pi}{6}$ (8) $-\dfrac{\pi}{4}$ (9) $\dfrac{\pi}{2}$

4. (1) $-4\sin(4x)$ (2) $\sin x + x\cos x$ (3) $\cos^2 x - \sin^2 x$
   (4) $-\sin(\sin x)\cos x$ (5) $-\dfrac{\cos x}{\sin^2 x}$ (6) $-\dfrac{1}{\sin^2 x}$

5. (1) $\dfrac{1}{x^2+1}$ (2) $\dfrac{-2xe^{-x^2}}{\sqrt{1-e^{-2x^2}}}$ (3) $\dfrac{e^x - e^{-x}}{3 + e^{2x} + e^{-2x}}$

6. (1) $\dfrac{1}{2}$ (2) 1 (3) 1

問題 1.10 [B]

1. 両辺の tan をとり，加法定理と $\tan(\tan^{-1} x) = x$ を使えばよい．

2. $a = \tan^{-1}\dfrac{1}{5}, b = \tan^{-1}\dfrac{1}{239}$ とおくと $\tan a = \dfrac{1}{5}$ と tan の加法定理から $\tan 2x = \dfrac{2\tan x}{1-\tan^2 x}$ を 2 度使って $\tan(4a) = \dfrac{120}{119}$．
   また $\tan\left(b + \dfrac{\pi}{4}\right) = \dfrac{120}{119}$ が出る．次に $0 < \dfrac{1}{5}, \dfrac{1}{239} < \dfrac{1}{\sqrt{3}} = \tan\dfrac{\pi}{6}$ だから $0 < a, b < \dfrac{\pi}{6}$．よって $0 < 4a < \dfrac{2\pi}{3}, 0 < b + \dfrac{\pi}{4} < \dfrac{5\pi}{12}$ である．この範囲で $\tan(4a) = \tan\left(b + \dfrac{\pi}{4}\right)$ だから $4a = b + \dfrac{\pi}{4}$ である．

問題 1.11 [A]

1. 略

2. (1) $\displaystyle\sum_{n=0}^{\infty} \dfrac{2^n}{n!} x^n$ (2) $\displaystyle\sum_{n=0}^{\infty} \dfrac{(-1)^n}{n!} x^n$

(3) $\displaystyle\sum_{n=0}^{\infty}\frac{a^n}{n!}x^n$ (4) $\displaystyle\sum_{n=1}^{\infty}\frac{x^{n-1}}{n!}$

(5) $\displaystyle\sum_{n=1}^{\infty}\frac{(-1)^{n-1}x^{2n-2}}{(2n-1)!}$ (6) $\displaystyle\sum_{n=1}^{\infty}\frac{(-1)^{n+1}x^{2n-2}}{(2n)!}$

(7) $1+\displaystyle\sum_{n=1}^{\infty}\frac{(-1)^n 2^{2n-1}x^{2n}}{(2n)!}$

3. (1) $x+x^2+\dfrac{1}{3}x^3$ (2) $1-x+\dfrac{1}{3}x^3$ (3) $x+\dfrac{1}{3}x^3$

4. (1) $\displaystyle\sum_{n=1}^{\infty}(-1)^{n-1}\frac{x^n}{n}$ (2) $\displaystyle\sum_{n=0}^{\infty}(-1)^n\frac{x^{2n+1}}{2n+1}$

(3) 第 1.9 節から $2^x = e^{x\log 2}$ を利用する. $\displaystyle\sum_{n=0}^{\infty}\frac{(x\log 2)^n}{n!}$

5. (1) $\dfrac{1}{2}$ (2) $\dfrac{1}{6}$ (3) 0 (4) 1 (5) -1 (6) $\dfrac{1}{2}$

問題 1.11 [B]

1. (1) $1+2x+3x^2+4x^3+5x^4$ (2) $1-3x+6x^2-10x^3+15x^4$

2. 確認は省略.

(1) $\dfrac{1}{1+x}=1-x+x^2-\cdots+(-1)^{n-1}x^n+\cdots$

(2) $\sqrt{1+x}=1+\dfrac{1}{2}x-\dfrac{1}{2\cdot4}x^2+\dfrac{1\cdot3}{2\cdot4\cdot6}x^3$
$-\cdots+(-1)^{n-1}\dfrac{1\cdot3\cdot5\cdots(2n-3)}{2\cdot4\cdot6\cdots(2n)}x^n+\cdots$

(3) $\dfrac{1}{\sqrt{1+x}}=1-\dfrac{1}{2}x+\dfrac{1\cdot3}{2\cdot4}x^2-\cdots+(-1)^n\dfrac{1\cdot3\cdot5\cdots(2n-1)}{2\cdot4\cdot6\cdots(2n)}x^n+\cdots$

問題 1.12 [A]

1. (1) $z_x=3x^2-2y,\ z_y=-2x+2y$

(2) $z_x=\dfrac{-1}{x^2 y},\ z_y=\dfrac{-1}{xy^2}$

(3) $z_x=\dfrac{1}{y},\ z_y=-\dfrac{x}{y^2}$

(4) $z_x=\dfrac{-2x}{(x^2-y^2)^2},\ z_y=\dfrac{2y}{(x^2-y^2)^2}$

(5) $z_x=\dfrac{1}{\sqrt{2x+3y}},\ z_y=\dfrac{3}{2\sqrt{2x+3y}}$

(6) $z_x=2e^{2x+3y},\ z_y=3e^{2x+3y}$

182 問題解答

- (7) $z_x = 2\cos(2x+3y)$, $z_y = 3\cos(2x+3y)$
- (8) $z_x = -2ax\sin(ax^2+by^2)$, $z_y = -2by\sin(ax^2+by^2)$
- (9) $z_x = \log(x+y) + \dfrac{x-y}{x+y}$, $z_y = -\log(x+y) + \dfrac{x-y}{x+y}$

2. (1) $z = 2x+2y-2$ (2) $z = 4x-2y-3$
   (3) $z = y$ (4) $z = \dfrac{x}{\sqrt{2}} + \dfrac{y}{\sqrt{2}}$
   (5) $2x+2y-z-\pi = 0$

3. (1) $z_{xx} = 2a$, $z_{xy} = -b$, $z_{yy} = 2c$
   (2) $z_{xx} = \dfrac{2}{x^3}$, $z_{xy} = 0$, $z_{yy} = -\dfrac{2}{y^3}$
   (3) $z_{xx} = -a^2\sin(ax+by)$, $z_{xy} = -ab\sin(ax+by)$,
       $z_{yy} = -b^2\sin(ax+by)$
   (4) $z_{xx} = \dfrac{2}{(x-y)^3}$, $z_{xy} = -\dfrac{2}{(x-y)^3}$, $z_{yy} = \dfrac{2}{(x-y)^3}$
   (5) $z_{xx} = 4e^{2x}\sin 3y$, $z_{xy} = 6e^{2x}\cos 3y$, $z_{yy} = -9e^{2x}\sin 3y$
   (6) $z_{xx} = y^2 e^{xy}$, $z_{xy} = (1+xy)e^{xy}$, $z_{yy} = x^2 e^{xy}$
   (7) $z_{xx} = \{4+(4x+3y)^2\}e^{2x^2+3xy+y^2}$,
       $z_{xy} = \{3+(4x+3y)(3x+2y)\}e^{2x^2+3xy+y^2}$,
       $z_{yy} = \{2+(3x+2y)^2\}e^{2x^2+3xy+y^2}$
   (8) $z_{xx} = \dfrac{\log y(\log x + 2)}{x^2(\log x)^3}$, $z_{xy} = \dfrac{-1}{xy(\log x)^2}$, $z_{yy} = \dfrac{-1}{y^2\log x}$
   (9) $z_{xx} = y(y-1)x^{y-2}$, $z_{xy} = z_{yx} = x^{y-1}(1+y\log x)$, $z_{yy} = x^y(\log x)^2$

問題 1.12 [B]   略

問題 1.13 [A]

1. (1) $2f_x(2t,3t) + 3f_y(2t,3t)$
   (2) $-2(\sin 2t)f_x(\cos 2t,\sin 3t) + 3(\cos 3t)f_y(\cos 2t,\sin 3t)$
   (3) $e^t f_x(e^t, e^{2t}) + 2e^{2t} f_y(e^t, e^{2t})$
   (4) $-\dfrac{1}{t^2}f_x\left(\dfrac{1}{t},\dfrac{1}{t^2}\right) - \dfrac{2}{t^3}f_y\left(\dfrac{1}{t},\dfrac{1}{t^2}\right)$
   (5) $f_x(\varphi(t)\cos\psi(t), \varphi(t)\sin\psi(t))(\varphi'(t)\cos\psi(t) - \varphi(t)\psi'(t)\sin\psi(t))$
       $+ f_y(\varphi(t)\cos\psi(t), \varphi(t)\sin(\psi(t)))(\varphi'(t)\sin\psi(t) + \varphi(t)\psi'(t)\cos\psi(t))$

2. $z_u = vf_x(x,y) + 2uf_y(x,y), z_v = uf_x(x,y) + 2vf_y(x,y)$

3. 略

問題 1.13 [B]

1. (1) 略

(2) $r_x = \cos\theta$, $r_y = \sin\theta$, $\theta_x = -\dfrac{1}{r}\sin\theta$, $\theta_y = \dfrac{1}{r}\cos\theta$

(3) 略

2. 略

問題 1.14 [A]

1. (1) $-\dfrac{2x+y}{x+2y}$ (2) $\dfrac{x^2-y}{x-y^2}$

   (3) $\dfrac{1}{2y-1}$ (4) $-\dfrac{y^2-2y}{2x(y-1)}$

   (5) $-\dfrac{y-e^y}{x-xe^y}$ (6) $\dfrac{y}{x}\left\{\dfrac{1-y^2\cos(xy)}{1+y^2\cos(xy)}\right\}$

2. (1) $y = -\dfrac{4}{3}x + \dfrac{5}{3}$ (2) $x = 1$

問題 1.14 [B]　略

問題 1.15 [A]

1. $A \neq 0$ ならば $a_2 = A\left(\alpha + \dfrac{B}{A}\beta\right)^2 - \dfrac{D}{A}\beta^2$, $A = 0$ ならば $a_2 = (2B\alpha + C\beta)\beta$ を使え.

2. (1) 極小値 -1 (2) 極大値 4 (3) 極小値 6

   (4) 極値なし (5) 極小値 $-\dfrac{1}{54}$

3. 極小値 $-\dfrac{a^2-ab+b^2}{3}$

4. (1) 最大値 $\dfrac{1}{2}$, 最小値 $-\dfrac{1}{2}$ (2) 極大値 $\dfrac{9}{2}$, 極小値 0

問題 1.15 [B]

1. $\mathrm{AP} = 60$

問題 2.1 [A]

1. (1) $x^3 + x^2 + x + C$ (2) $\dfrac{x^3}{3} + \dfrac{7x^2}{2} + 12x + C$

   (3) $-\dfrac{1}{x+3} + C$ (4) $\dfrac{1}{4}\log|4x+5| + C$

   (5) $\dfrac{x^2}{2} + 2x + 2\log|x+1| + C$ (6) $\log|x+2| + C$

   (7) $\dfrac{4}{5}x^2\sqrt{x} + 2x\sqrt{x} + C$ (8) $\dfrac{2}{3}x\sqrt{x} - 4\sqrt{x} + C$

2. (1) $\dfrac{1}{2}e^{2x} + C$ (2) $-\dfrac{1}{2}e^{-2x} + C$

問題解答

  (3) $\dfrac{1}{4}e^{4x} - 2x - \dfrac{1}{4}e^{-4x} + C$ (4) $-\dfrac{1}{3}\cos 3x + C$

  (5) $\dfrac{1}{2}\sin 2x + C$

3. (1) $\dfrac{1}{\sqrt{2}}\tan^{-1}\dfrac{x}{\sqrt{2}} + C$ (2) $\tan^{-1}(x+1) + C$

  (3) $\dfrac{2}{\sqrt{3}}\tan^{-1}\dfrac{2x-1}{\sqrt{3}} + C$ (4) $\dfrac{1}{3}\log\left|\dfrac{x-2}{x+1}\right| + C$

  (5) $\dfrac{1}{a-b}(a\log|x+a| - b\log|x+b|) + C$

4. (1) $\dfrac{x^2}{2}\log x - \dfrac{x^2}{4} + C$ (2) $\dfrac{x^3}{3}\log x - \dfrac{x^3}{9} + C$

  (3) $\dfrac{1}{2}xe^{2x} - \dfrac{1}{4}e^{2x} + C$ (4) $-xe^{-x} - e^{-x} + C$

  (5) $x\sin x + \cos x + C$ (6) $-x\cos x + \sin x + C$

5. (1) $\dfrac{1}{2}x^2 - 2x + 4\log|x+2| + C$ (2) $-\dfrac{1}{18}\cos 9x + \dfrac{1}{2}\cos x + C$

  (3) $\dfrac{1}{8}\sin 4x + \dfrac{1}{20}\sin 10x + C$ (4) $\dfrac{e^x(\sin x + \cos x)}{2} + C$

  (5) $-\dfrac{2}{5}e^{-x}\left(\cos 2x + \dfrac{1}{2}\sin 2x\right) + C$

問題 2.1 [B]

1. 漸化式の証明は略.

  (1) $-\dfrac{1}{2}\sin x\cos x + \dfrac{1}{2}x + C$

  (2) $-\dfrac{1}{4}\sin^3 x\cos x - \dfrac{3}{8}\sin x\cos x + \dfrac{3}{8}x + C$

  (3) $-\dfrac{1}{5}\sin^4 x\cos x - \dfrac{4}{15}\sin^2 x\cos x - \dfrac{8}{15}\cos x + C$

2. 漸化式の証明は略.

  (1) $\dfrac{1}{2}\sin x\cos x + \dfrac{1}{2}x + C$

  (2) $\dfrac{1}{4}\cos^3 x\sin x + \dfrac{3}{8}\sin x\cos x + \dfrac{3}{8}x + C$

問題 2.2 [A]

1. (1) $\dfrac{1}{15}(3x+4)^5 + C$ (2) $\dfrac{1}{3}\sqrt{2x-5}^3 + C$

  (3) $\dfrac{1}{8}(x^2+4)^4 + C$ (4) $-\dfrac{1}{2(x^2+2)} + C$

  (5) $\dfrac{2}{3}\sqrt{x^3+7} + C$ (6) $\log|\log x| + C$

(7) $\dfrac{2}{3}\sqrt{e^x+1}^3 + C$ (8) $\log(e^x+1) + C$

(9) $\dfrac{1}{2}e^{x^2} + C$ (10) $-\dfrac{1}{2}e^{-x^2-2x} + C$

(11) $x - 2\sqrt{x} + 2\log(1+\sqrt{x}) + C$ (12) $\log\dfrac{e^x}{e^x+1} + C$

(13) $\dfrac{1}{2}\log\dfrac{|e^x-1|}{e^x+1} + C$ (14) $\log(2+\sin x) + C$

(15) $\dfrac{1}{5}\sin^5 x + C$ (16) $-2\sqrt{\cos x} + C$

2. (1) $\tan x - x + C$

   (2) $\dfrac{1}{2}e^x(\sin x + \cos x) + C$

   (3) $x\log(x^2+1) - 2x + 2\tan^{-1}x + C$

   (4) $-\cos x \cdot \log|\sin x| + \dfrac{1}{2}\log\dfrac{1-\cos x}{1+\cos x} + \cos x + C$

問題 2.2 [B]

1. (1) $2\sqrt{e^x+1} + 2\log(\sqrt{e^x+1}-1) - x + C$

   (2) $\dfrac{2}{3}x^{\frac{3}{2}}\log(x+2) - \dfrac{4}{3}\left(\dfrac{1}{3}x^{\frac{3}{2}} - 2\sqrt{x} + 2\sqrt{2}\tan^{-1}\sqrt{\dfrac{x}{2}}\right) + C$

   (3) $-\dfrac{1}{3}(2-x^2)^{\frac{3}{2}} - \sin^{-1}\dfrac{x}{\sqrt{2}} - \dfrac{x}{2}\sqrt{2-x^2} + C$

   (4) $\dfrac{1}{4\sqrt{2}}\left\{\log\left(\dfrac{x^2-\sqrt{2}x+1}{x^2+\sqrt{2}x+1}\right) + 2\tan^{-1}(\sqrt{2}x+1) + 2\tan^{-1}(\sqrt{2}x-1)\right\} + C$

2. 略

問題 2.3 [A]

1. (1) $\dfrac{1}{2}\log\left|\dfrac{x-1}{x+1}\right| + C$ (2) $\log\left|\dfrac{x}{x+1}\right| + C$

   (3) $-\dfrac{1}{2x} + \dfrac{1}{4}\log\left|\dfrac{x+2}{x}\right| + C$

2. (1) $\log\left|\tan\dfrac{x}{2}\right| + C \left(= \dfrac{1}{2}\log\dfrac{1-\cos x}{1+\cos x} + C\right)$

   (2) $-\dfrac{1}{2}\log\dfrac{1-\sin x}{1+\sin x} + C$

   (3) $-2\sqrt{2}\cos\left(\dfrac{x}{2}+\dfrac{\pi}{4}\right) + C \left(\sin\left(\dfrac{x}{2}+\dfrac{\pi}{4}\right) \geqq 0 \text{ のとき}\right),$

      $2\sqrt{2}\cos\left(\dfrac{x}{2}+\dfrac{\pi}{4}\right) + C \left(\sin\left(\dfrac{x}{2}+\dfrac{\pi}{4}\right) \leqq 0 \text{ のとき}\right)$

   (4) $2\sqrt{2}\sin\dfrac{x}{2} + C \left(\cos\dfrac{x}{2} \geqq 0 \text{ のとき}\right),$

      $-2\sqrt{2}\sin\dfrac{x}{2} + C \left(\cos\dfrac{x}{2} \leqq 0 \text{ のとき}\right)$

3. (1) $\tan \dfrac{x}{2} + C$

(2) $\dfrac{1}{12} \log \dfrac{e^{3x}}{e^{3x}+4} + C$

(3) $2\sqrt{e^x+1} + \log \dfrac{\sqrt{e^x+1}-1}{\sqrt{e^x+1}+1} + C$

(4) $(x-3)\log|x-3| - (x+3)\log|x+3| + C$ ($x>3, x<-3$ と分けて考えよ)

(5) $\dfrac{1}{3}\left(\log \dfrac{|x+1|}{\sqrt{x^2-x+1}} + \sqrt{3}\tan^{-1}\dfrac{2x-1}{\sqrt{3}}\right) + C$

(6) $x + \dfrac{2}{1+\tan\frac{x}{2}} + C$

(7) $\dfrac{e^{ax}}{a}\left(x^2 - \dfrac{2x}{a} + \dfrac{2}{a^2}\right) + C$

問題 2.3 [B]

1. (1) $A = \delta|A|$ ($\delta = \pm 1$) とおき,
$Ax^2 + Bx + C = |A|\left\{\delta\left(x + \dfrac{B}{2A}\right)^2 + \delta\dfrac{4AC-B^2}{4A^2}\right\}$ と変形し, $t = x + \dfrac{B}{2A}, c = \delta\dfrac{4AC-B^2}{A^2}$ とする. $\delta = 1$ なら $\sqrt{Ax^2+Bx+C} = \sqrt{A}\sqrt{t^2+c}$ であり, $\delta = -1$ なら $\sqrt{Ax^2+Bx+C} = \sqrt{|A|}\sqrt{c-t^2}$ である. いま実数の範囲で考えているから $c - t^2 \geqq 0$ であり $c \geqq 0$ でなければならないから $c = a^2$ とおけばよい.

(2) (イ) の場合 $t = x + \sqrt{x^2+c}$ に対し $(t-x)^2 = x^2 + c$ となり, $x = \dfrac{t^2-c}{2t}, \sqrt{x^2+c} = t - x$ はともに t の有理式である. (ロ) の場合 $t = \sqrt{\dfrac{a-x}{a+x}}$ を 2 乗して $x = \dfrac{a(1-t^2)}{1+t^2}$ であり, $\sqrt{a^2-x^2} = t(a+x)$ も t の有理式である.

2. (1) 前問の (イ) に該当する. $t = x + \sqrt{x^2-5}$ とおく.
$2\tan^{-1}(x + 2 + \sqrt{x^2-5}) + C$

(2) 前問の (ロ) に該当する. $t = \sqrt{\dfrac{1-x}{1+x}}$ とおく.
$-\log\left|\dfrac{1+\sqrt{1-x^2}}{x}\right| + C$

問題 2.4 [A]

1. (1) $\dfrac{9}{2}$

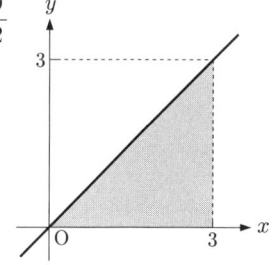

   (2) 4

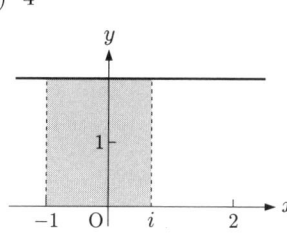

   (3) $e-1$

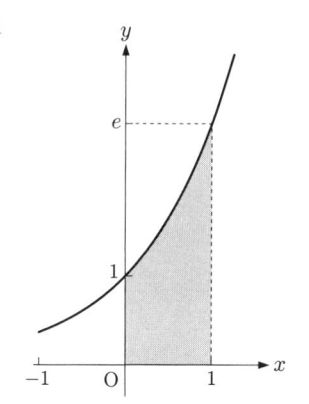

   (4) $\log 2$

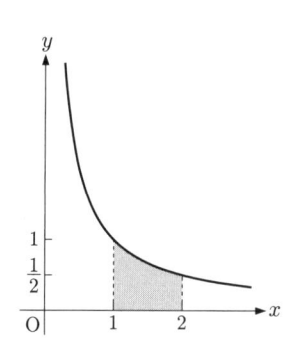

   (5) 2

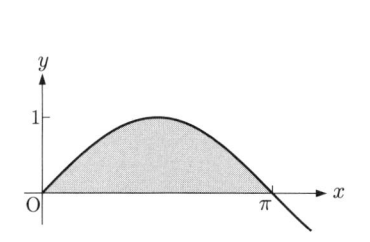

   (6) $\dfrac{39}{2}$

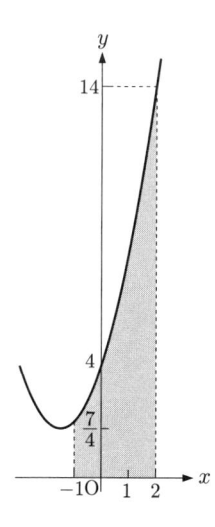

2. (1) $\dfrac{26}{3}$ (2) $\dfrac{\pi}{12}$ (3) $\dfrac{1}{2}\log\dfrac{11}{7}$
   (4) $\dfrac{6}{5}$ (5) $\dfrac{1}{3}(1-e^{-30})$ (6) $\dfrac{99}{202}$
   (7) π (8) $\dfrac{1}{3}$ (9) $\dfrac{3-\log 2}{2}-\dfrac{\pi}{4}$

問題 2.4 [B]
(1) $2\log 2+\dfrac{1}{3}\log(3-2\sqrt{2})$ (2) $\dfrac{\pi}{2}$ (3) $\dfrac{\pi}{4}-\dfrac{1}{2}\log 2$

問題 2.5 [A]

1. (1) $\dfrac{2}{\pi}$ (2) $\dfrac{2}{3}$ (3) $\log 2$ (4) e^{-1} (5) $\log(\sqrt{2}+1)$

2. (1) π (2) π (3) 0 (4) 0 (5) 0

3. $\dfrac{\pi}{2}+\dfrac{1}{3}$

4. 面積 $\dfrac{2}{3}$

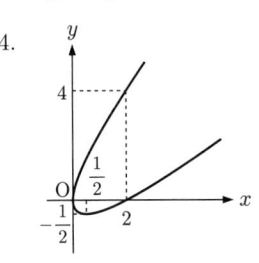

5. $\dfrac{1}{12}a^3$

問題 2.5 [B]

1. (1) 略
   (2) $-(\cos x\cdot\sin^{n-1}x)'=\sin^n x-\cos x\cdot\{(n-1)\sin^{n-2}x\cdot\cos x\}$ を用いて部分積分を行って $I_n=(n-1)(I_{n-2}-I_n)$ を得る. よって $I_n=\dfrac{n-1}{n}I_{n-2}$ となり $\dfrac{I_n}{I_{n-2}}=\dfrac{n-1}{n}\to 1\,(n\to\infty)$. また $0<x<\dfrac{\pi}{2}$ で $0<\sin x<1$ だから $I_{2n-2}>I_{2n-1}>I_{2n}$, よって $1>\dfrac{I_{2n-1}}{I_{2n-2}}>\dfrac{I_n}{I_{n-2}}\to 1\,(n\to\infty)$. n を $n+1$ にして書き直せば $\displaystyle\lim_{n\to\infty}\dfrac{I_{2n+1}}{I_{2n}}=1$.
   (3) $I_{2n}=\dfrac{2n-1}{2n}I_{2n-2}$ と $I_0=\dfrac{\pi}{2},I_1=1$ を使えばよい.
   (4) $\pi=2\displaystyle\lim_{n\to\infty}\dfrac{I_{2n}}{I_{2n+1}}\dfrac{(2n)!!(2n)!!}{(2n-1)!!(2n+1)!!}$

$$= 2 \lim_{n \to \infty} \frac{I_{2n}}{I_{2n+1}} \frac{(2n)^2(2n-2)^2 \cdots 2^2}{(2n+1)(2n-1)^2(2n-3)^2 \cdots 3^2}$$

$$= 2 \lim_{n \to \infty} \frac{2 \times 2}{1 \times 3} \cdot \frac{4 \times 4}{3 \times 5} \cdots \frac{2n \times 2n}{(2n-1) \times (2n+1)} \frac{I_{2n}}{I_{2n+1}}$$

であり $\dfrac{I_{2n}}{I_{2n+1}} \to 1 \, (n \to \infty)$ だから求める式を得る.

2. $\displaystyle\int_0^1 \frac{1}{1+x^2} dx = [\tan^{-1} x]_0^1 = \frac{\pi}{4}, \int_0^1 x^n \, dx = \frac{1}{n+1}$ を用いる.

問題 2.6 [A]

1. (1) $\dfrac{1}{2} \log \dfrac{10}{9}$ (2) $2e^3 + 1$ (3) $\dfrac{2}{3}\sqrt{1+e}^3 - \dfrac{4\sqrt{2}}{3}$

    (4) $\dfrac{1}{2}\log 2$ (5) 1 (6) π

    (7) 3 (8) $2(e^2+1)$

2. (1) $\dfrac{\pi}{4}$ (2) $\dfrac{1}{2}$ (3) $\dfrac{1}{8}$

    (4) 1 (5) -1 (6) 1

    (7) π (8) $\log 2$ (9) $\dfrac{\pi}{4}$

    (10) $\dfrac{2}{3}$ (11) $\dfrac{2\pi}{3\sqrt{3}}$ (12) $\dfrac{\pi}{4}$

3. (1) $y = \dfrac{1}{x^2}$ のグラフと比較せよ.

    (2) $y = \dfrac{1}{x^3}$ のグラフと比較せよ.

問題 2.6 [B]   略

問題 2.7 [A]

1. (1) $y = k \log x + C$ (2) $y = Cx^k$

    (3) $y = Ce^{kx}$ (4) $y = \dfrac{Cae^{akx}}{1+Ce^{akx}}$

    (5) $y = \dfrac{Cbe^{(a-b)kx} + a}{1+Ce^{(a-b)kx}}$ (6) $y = \left(\dfrac{kx}{2} + C\right)^2$

    (7) $y = Ce^{-\frac{x^2}{2}} + 1$ (8) $y = -\dfrac{1}{2x^2+C}$

    (9) $y = Ce^{\sin x}$

2. (1) $y = \dfrac{x}{2} + \dfrac{C}{x}$ (2) $y = x \log|x| + Cx$

問題 2.7 [B] $y = \dfrac{2}{x}$

問題 2.8 [A]

1. (1) $x + x^2 + \dfrac{x^3}{3}$ (2) $1 - x + \dfrac{x^3}{3}$ (3) $1 + \dfrac{x^2}{6}$

   (4) $1 + \dfrac{x^2}{2}$ (5) $x + \dfrac{x^3}{3}$ (6) $1 - \dfrac{x^2}{3}$

問題 2.8 [B]

1. $1 + \dfrac{1}{2}x + \dfrac{3}{8}x^2 + \dfrac{5}{16}x^3 + \dfrac{35}{128}x^4$
2. 略
3. 略

問題 2.9 [A]

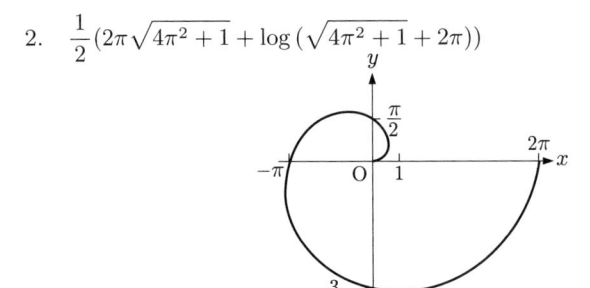

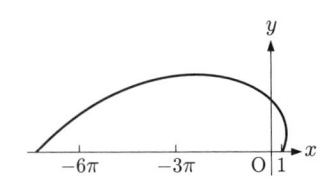

1. (1) $e - e^{-1}$ (2) $3(e^2 - e^{-2})$ (3) $\dfrac{335}{27}$ (4) $\log 3 - \dfrac{1}{2}$ (5) $\dfrac{2\pi}{3}$

2. $\dfrac{1}{2}(2\pi\sqrt{4\pi^2 + 1} + \log(\sqrt{4\pi^2 + 1} + 2\pi))$

3. $\sqrt{2}(e^\pi - 1)$

問題 2.9 [B]

(1) $A = -1,\ B = a + b$

(2) $C : \{(-x + a + b, f(-x + a + b)) \mid a \leqq x \leqq b\}$

問題 2.10 [A]

1. (1) 5   (2) 13

   (3) $\dfrac{1}{3}$ (4) $\dfrac{1}{3}$

(5) $\dfrac{1}{2}(e^5 - e^3 - e^2 + 1)$ (6) 0

2. (1) $\dfrac{4}{3}$ (2) $\dfrac{1}{6}$

    (3) $\dfrac{1}{8}$ (4) π

3. (1) $\dfrac{8}{15}(2\sqrt{2} - 1)$ (2) $\dfrac{\sqrt{2}}{8}\pi + 1 - \dfrac{\sqrt{2}}{2}$

問題 2.10 [B]

1. $V = \dfrac{4\pi}{3}abc$

2. $\dfrac{16}{3}$

問題 2.11 [A]

1. (1) $\dfrac{1}{8}$ (2) $\dfrac{21}{8}$

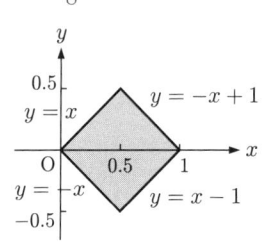

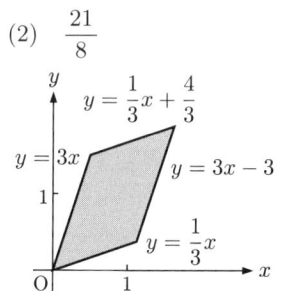

    (3) 24   (4) $\dfrac{8}{15}$

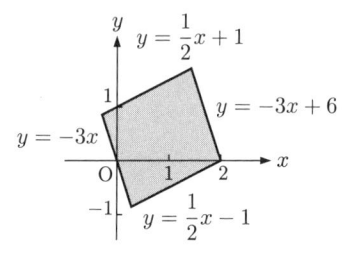

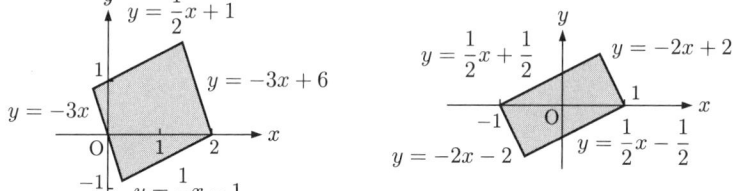

2. (1) $\dfrac{\pi}{2}$ (2) $\pi(e^2 - e)$ (3) 2π (4) $\dfrac{2}{3}\pi a^3$

    (5) 2π (6) $\dfrac{\pi^2}{4}$ (7) $\dfrac{\pi}{8}$ (8) $\dfrac{\pi}{6} - \dfrac{2}{9}$

問題 2.11 [B]

1. $V = \dfrac{4\pi}{3}abc$

2. $\dfrac{16}{9}(2R)^3$

問題 2.12 [A]

1. 三角形 ABC の頂点を $(a_1, a_2), (b_1, b_2), (c_1, c_2)$ とし，重心が原点 $(a_1+b_1+c_1 = a_2+b_2+c_2 = 0)$ で簡単のため底辺 BC が x 軸に平行 $(b_2 = c_2, a_2 > b_2)$ かつ最長 $(b_1 < a_1 < c_1)$ とする．このとき式 (2.34) の $\int_{\mathbb{R}} \rho(x,y)\, dx$ は点 $(0, y)$ を通る x 軸に平行な直線による三角形の切り口の長さだから $\dfrac{a_1 - c_1}{a_2 - c_2}(y - a_2) + a_1 - \left[\dfrac{a_1 - b_1}{a_2 - b_2}(y - a_2) + a_1\right] = \dfrac{b_1 - c_1}{a_2 - b_2}(y - a_2)$ であり，それに y をかけて b_2 から a_2 までの積分は $a_2 = -2b_2$ を使えば $\int_{b_2}^{a_2} \dfrac{b_1 - c_1}{a_2 - b_2}(y - a_2) y\, dy = 0$ となる．もう一方の積分は x を b_1 から a_1 までと a_1 から c_1 までに分けて y 軸に平行な直線による切り口のそれぞれの長さ $\dfrac{a_2 - b_2}{a_1 - b_1}(x - a_1) + a_2 - b_2 = \dfrac{a_2 - b_2}{a_1 - b_1}(x - b_1)$, $\dfrac{a_2 - c_2}{a_1 - c_1}(x - a_1) + a_2 - c_2 = \dfrac{a_2 - c_2}{a_1 - c_1}(x - c_1)$ に x をかけて積分し，$a_1 + b_1 + c_1 = 0$ を使って 0 になることを確かめればよい．

2. (1) 本文に示したことから回転する前の図形 D について式 (2.34) が成り立つことを示せばよい．

$$\rho(x, y) = \begin{cases} 1 & ((x, y) \in D), \\ 0 & ((x, y) \notin D) \end{cases}$$

と定めると仮定から $\rho(x, y) = \rho(-x, y) = \rho(x, -y)$ である．このとき 159 ページのように積分を計算すると

$$\int_{\mathbb{R}} x \left(\int_{\mathbb{R}} \rho(x, y) dy \right) dx$$
$$= -\int_0^{\infty} x \left(\int_{\mathbb{R}} \rho(-x, y) dy \right) dx + \int_0^{\infty} x \left(\int_{\mathbb{R}} \rho(x, y) dy \right) dx$$
$$= 0$$

であり，y 軸方向についても同様．

(2) D_i を定義する関数 ρ を ρ_i とすると，$D_1 = D_2 \cup D_3, D_2 \cap D_3 = \emptyset$ だから $\rho_1(x, y) = \rho_2(x, y) + \rho_3(x, y)$ となり

$$\int_{\mathbb{R}} x \left(\int_{\mathbb{R}} \rho_1(x, y) dy \right) dx$$
$$= \int_{\mathbb{R}} x \left(\int_{\mathbb{R}} \rho_2(x, y) dy \right) dx + \int_{\mathbb{R}} x \left(\int_{\mathbb{R}} \rho_3(x, y) dy \right) dx$$

であり，仮定から ρ_1, ρ_2 に関する積分は 0 だから ρ_3 に関する積分も 0 となり，D_3 の重心も原点である．

3. (1) 重心の座標は式 (2.35) から
$$a = \frac{\int_{-1}^{1} x\sqrt{1-x^2}\,dx}{\pi/2} = 0, \ b = \frac{\int_{0}^{1} 2y\sqrt{1-y^2}\,dy}{\pi/2} = \frac{4}{3\pi}$$
である．
(2) $a \geqq \dfrac{3\pi}{4} - 1$

4. (1) π (2) $\dfrac{\pi}{4}$

5. (1) $5\pi^2$
(2) $\dfrac{32\pi}{105}$

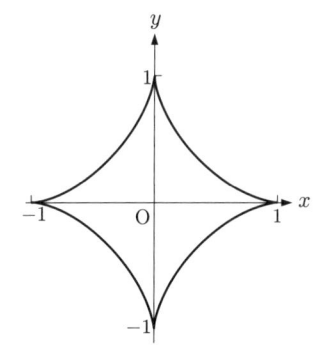

6. (1) $32\pi^2$ (2) $V_x = \dfrac{\pi^2}{4}, V_y = \pi^2 - 2\pi$
(3) $V_x = \dfrac{4\pi ab^2}{3}, V_y = \dfrac{4\pi a^2 b}{3}$

問題 2.12 [B]

1. (1)

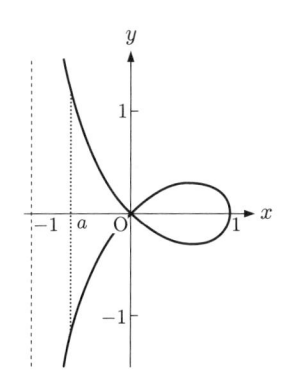

(2) $\left(2\log 2 - \dfrac{4}{3}\right)\pi$ (3) ∞

問題 2.13 [A]

1. 1 2. $2e + e^{-1} - 3$ 3. $\dfrac{17}{6}$

4. $\dfrac{1}{4}(2e^3 - 5e + 3e^{-3})$ 5. 0 6. $\dfrac{1}{2}$

問題 2.13 [B]   (1) $\dfrac{1}{2}$ (2) $\dfrac{3}{2}$ (3) $\dfrac{\pi}{2} - \dfrac{1}{2}$

問題 2.14 [A]

(1) $2s^{-2} + 3s^{-1}$ (2) $2s^{-3} + as^{-2} + bs^{-1}$

(3) $\dfrac{\frac{2n\pi}{T}}{s^2 + (\frac{2n\pi}{T})^2}$ (4) $\dfrac{s\cos\theta - \omega\sin\theta}{s^2 + \omega^2}$

(5) $\dfrac{1}{2}\left(\dfrac{1}{s} + \dfrac{s}{s^2 + 4}\right)$ (6) $\dfrac{e^b}{s - a}$

問題 2.14 [B] $(e^{-st}f'(t))' = -se^{-st}f'(t) + e^{-st}f''(t)$ より

$$\mathcal{L}(f''(t)) = [e^{-st}f'(t)]_0^\infty + s\int_0^\infty e^{-st}f'(t)dt$$

$$= -f'(0) + s(s\mathcal{L}(f) - f(0)) = s^2\mathcal{L}(f) - sf(0) - f'(0).$$

$n = 3$ のときはもう一度繰り返せ.

索　引

■ あ　行

アステロイド, 162
陰関数の定理, 82
上に有界, 11
ウォリスの公式, 122
オイラーの公式, 66

■ か　行

下限, 14
逆関数, 21
狭義単調関数, 22
狭義単調減少関数, 22
狭義単調増加関数, 22
極限値, 7
曲線の長さ, 138
極値, 86
空集合, 3
原始関数, 95
減少数列, 12
広義積分, 125
合成関数, 21

■ さ　行

サイクロイド, 140, 162
指数関数, 41
自然対数, 50
下に有界, 12
収束, 7, 38
常用対数, 50

振動, 9
積分定数, 95
接線, 26
接線の方程式, 26
絶対収束, 39
接平面, 74
線積分, 163
増加数列, 12

■ た　行

対数, 50
対数関数, 47
代数学の基本定理, 104
単調現象数列, 12
単調増加数列, 12
置換積分法, 123
中間値の定理, 18
調和関数, 72
底, 50
定積分, 111
停留点, 86
導関数, 24

■ な　行

2 階の偏導関数, 71
ネイピアの数, 43

■ は　行

排中律, 1

発散, 8, 9, 39
被積分関数, 95
微分, 24
微分可能, 24
微分方程式, 129
フーリエ変換, 128
不定積分, 95
部分積分法, 122
平均値の定理, 30
平均変化率, 24
ベルヌーイ数, 51
偏導関数, 71
偏微分, 71
法線ベクトル, 74

■ ま　行

(無限) 級数, 38

■ や　行

有界, 12

■ ら　行

ラグランジェの未定乗数法, 86
ラプラシアン, 72
ラプラス変換, 128, 168
累乗, 48
連続, 16
ロルの定理, 30

工科系の微分積分学の基礎

2011 年 2 月 25 日	第 1 版 第 1 刷	発行
2025 年 2 月 10 日	第 1 版 第 15 刷	発行

著　者　　北 岡 良 之
　　　　　深 川 英 俊
　　　　　川 村 　 司

発 行 者　　発 田 和 子

発 行 所　　株式会社　学術図書出版社

〒113−0033　東京都文京区本郷 5 丁目 4 の 6
TEL 03−3811−0889　振替 00110−4−28454
印刷　三松堂印刷 (株)

定価はカバーに表示してあります．

本書の一部または全部を無断で複写 (コピー)・複製・転載することは，著作権法でみとめられた場合を除き，著作者および出版社の権利の侵害となります．あらかじめ，小社に許諾を求めて下さい．

ⓒ2011　Y. KITAOKA　H. FUKAGAWA　T. KAWAMURA
Printed in Japan
ISBN978−4−7806−0218−0　C3041

微分積分の公式

1. $(fg)' = f'g + fg' \Leftrightarrow \int f'g\,dx = fg - \int fg'\,dx + C$

2. $f(g(x))' = f'(g(x))g'(x) \Leftrightarrow \int f'(g(x))g'(x)\,dx = f(g(x)) + C$

3. $(x^{a+1})' = (a+1)x^a \Leftrightarrow \int x^a\,dx = \dfrac{1}{a+1}x^{a+1} + C$

4. $(\log|x|)' = \dfrac{1}{x} \Leftrightarrow \int \dfrac{1}{x}\,dx = \log|x| + C$

5. $(\log|f(x)|)' = \dfrac{f'(x)}{f(x)} \Leftrightarrow \int \dfrac{f'(x)}{f(x)}\,dx = \log|f(x)| + C$

6. $(e^{ax})' = ae^{ax} \Leftrightarrow \int e^{ax}\,dx = \dfrac{1}{a}e^{ax} + C \quad (a \neq 0)$

7. $(\sin x)' = \cos x \Leftrightarrow \int \cos x\,dx = \sin x + C$

8. $(\cos x)' = -\sin x \Leftrightarrow \int \sin x\,dx = -\cos x + C$

9. $(\tan x)' = \dfrac{1}{\cos^2 x} \Leftrightarrow \int \dfrac{1}{\cos^2 x}\,dx = \tan x + C$

10. $(\cot x)' = -\dfrac{1}{\sin^2 x} \Leftrightarrow \int \dfrac{1}{\sin^2 x}\,dx = -\cot x + C$

11. $\left(\tan^{-1}\dfrac{x}{a}\right)' = \dfrac{a}{a^2+x^2} \Leftrightarrow \int \dfrac{1}{x^2+a^2}\,dx = \dfrac{1}{a}\tan^{-1}\dfrac{x}{a} + C \quad (a \neq 0)$

12. $\left(\sin^{-1}\dfrac{x}{a}\right)' = \dfrac{1}{\sqrt{a^2-x^2}} \Leftrightarrow \int \dfrac{1}{\sqrt{a^2-x^2}}\,dx = \sin^{-1}\dfrac{x}{a} + C \quad (a > 0)$

13. $\displaystyle\iint_{a \leqq x \leqq b,\, \varphi_1(x) \leqq y \leqq \varphi_2(x)} f(x,y)\,dxdy = \int_a^b \left(\int_{\varphi_1(x)}^{\varphi_2(x)} f(x,y)\,dy \right) dx$

14. 曲線 $C : \{(x, f(x)) \mid a \leqq x \leqq b\}$ の長さ $= \displaystyle\int_a^b \sqrt{1 + f'(x)^2}\,dx$

15. $\displaystyle\iint_D f(ax+by, cx+dy)\,dxdy = \dfrac{1}{|ad-bc|} \iint_{D'} f(u,v)\,dudv$
    ただし, $D' = \{(u,v) \mid u = ax+by,\ v = cx+dy,\ (x,y) \in D\}$

16. $\displaystyle\iint_D f(x,y)\,dxdy = \iint_{D'} f(r\cos\theta, r\sin\theta) r\,drd\theta$
    ただし, $D' = \{(r,\theta) \mid (r\cos\theta, r\sin\theta) \in D\}$

17. $\displaystyle\lim_{n \to \infty} \dfrac{1}{n} \sum_{j=0}^{n-1} f\left(\dfrac{j}{n}\right) = \int_0^1 f(x)\,dx$